岩波科学ライブラリー 122

クマムシ?!

小さな怪物

鈴木 忠

岩波書店

1
2
3
4
5
6
7
8
9
10
11
12
13
14
15
16
17
18

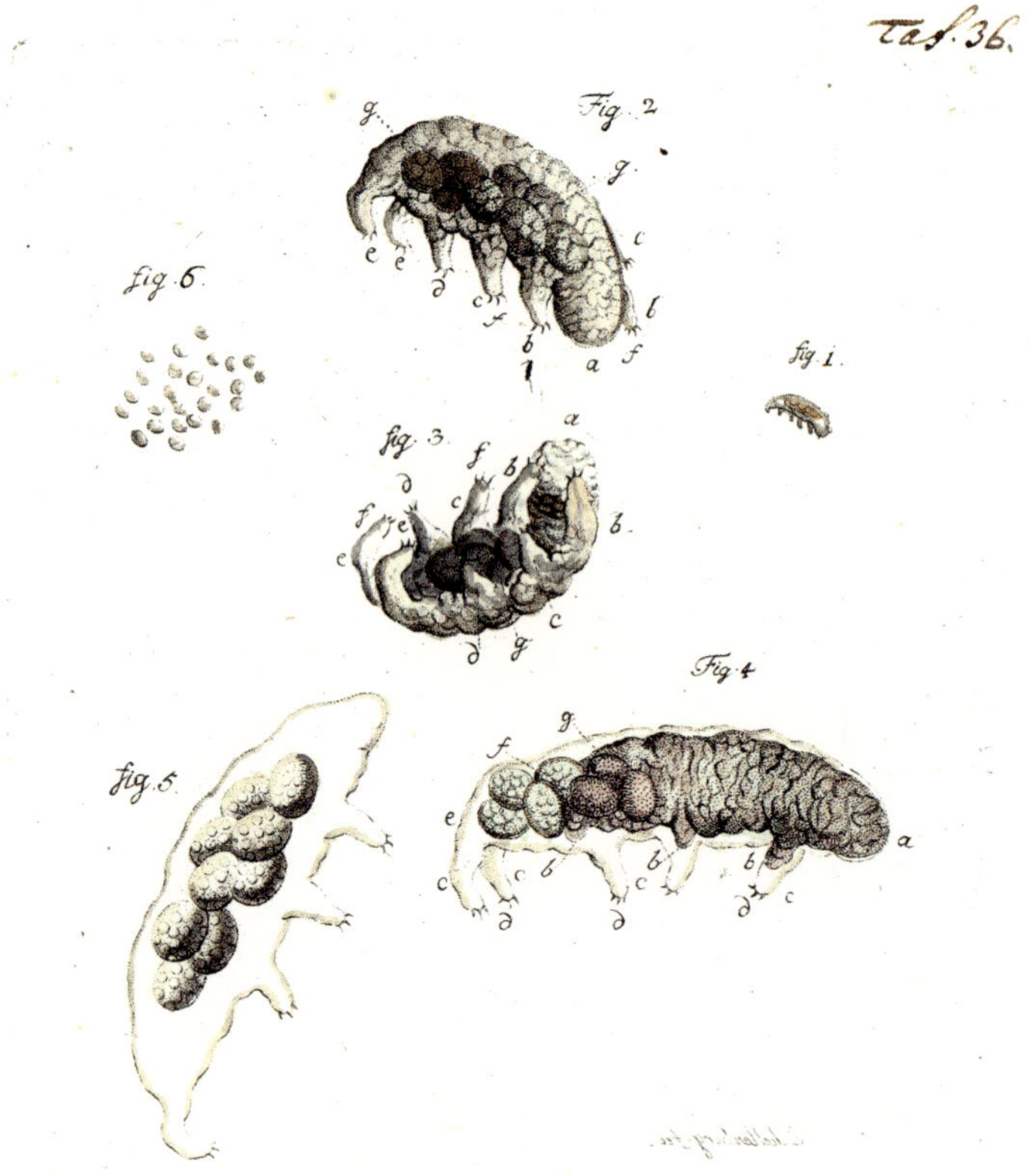

口絵 1(前ページ)　コケの中のさまざまなクマムシ
(Marcus, E., Tardigrada, in H. G. Bronn (ed.), Klassen und Ordnungen des Tier-Reichs, Bd. 5, IV-3, Akademische Verlagsgesellschaft, Leipzig, 1929 より)

口絵 2　ミュラーのクマムシ *Acarus ursellus*
(Müller, O. F., Von den Bärthierchen, Archiv zur Insektengeschichte 6: 25-31, tab. 36, Zürich, 1785 より)

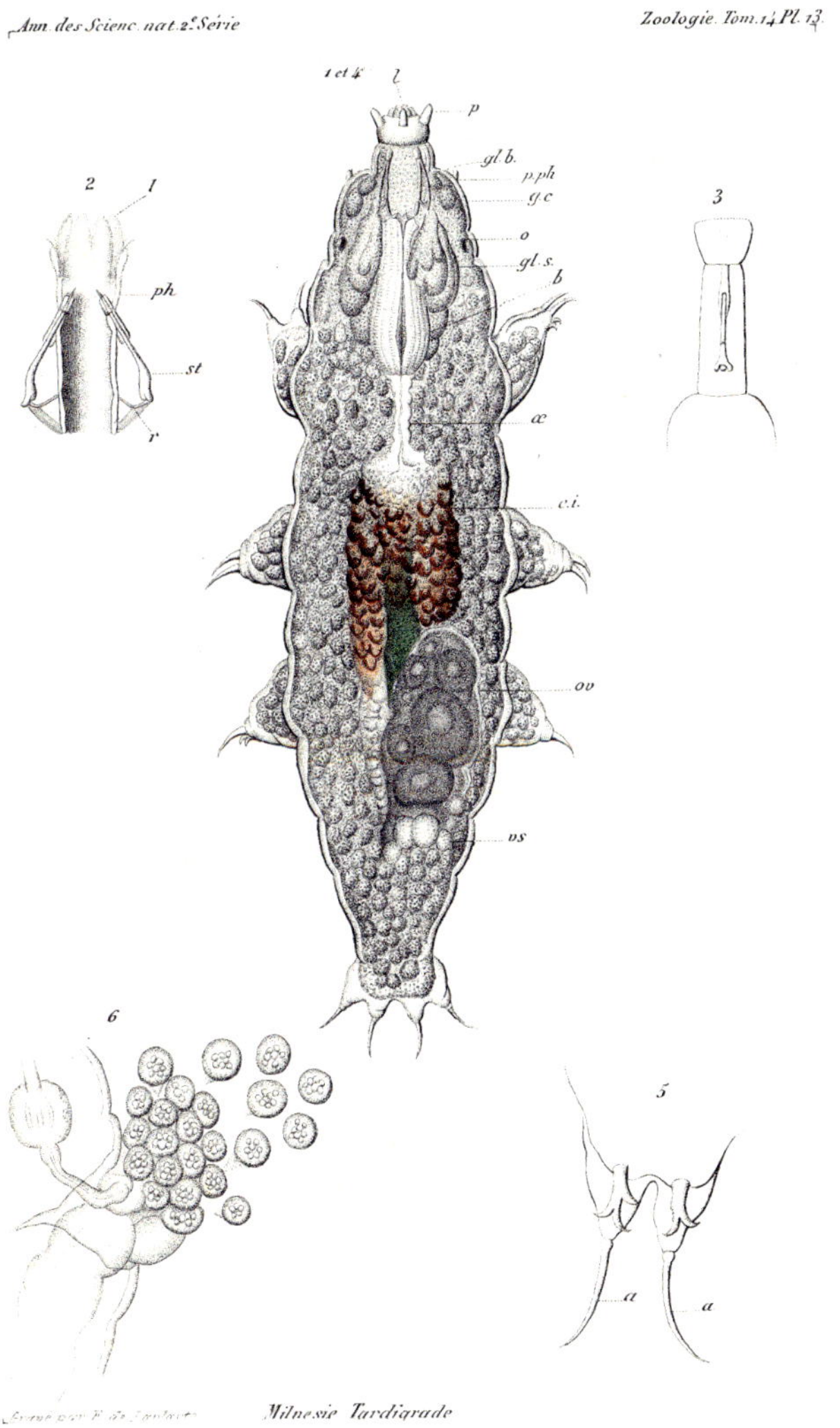

口絵3　ドワイエールのオニクマムシ

(Doyère, L., Mémoire sur l'organisation et les rapports naturels des tardigrades, et sur la propriété remarquable qu'ils possèdent de revenir a la vie après avoir été complètement desséchés., Paul Benouard, Paris, 1842 より)

口絵 4　(上)「白クマ」と呼ぶことにしたクマムシ．体長約 0.3 mm．(下)オニクマムシ．体長約 0.6 mm（右：Suzuki, A. C., Life history of *Milnesium tardigradum* Doyère (Tardigrada) under a rearing environment, Zoological Science 20: 49-57, 2003 より）

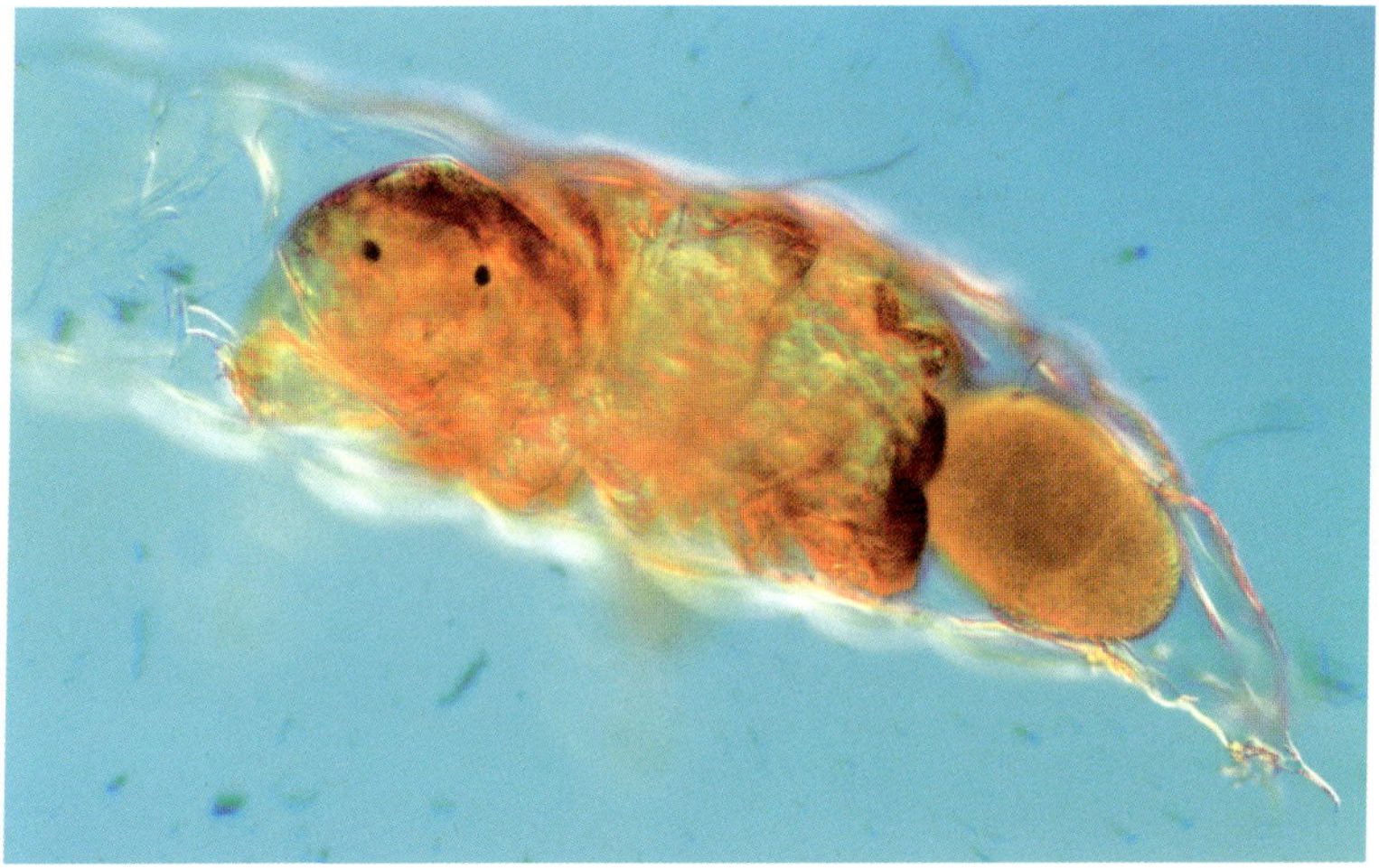

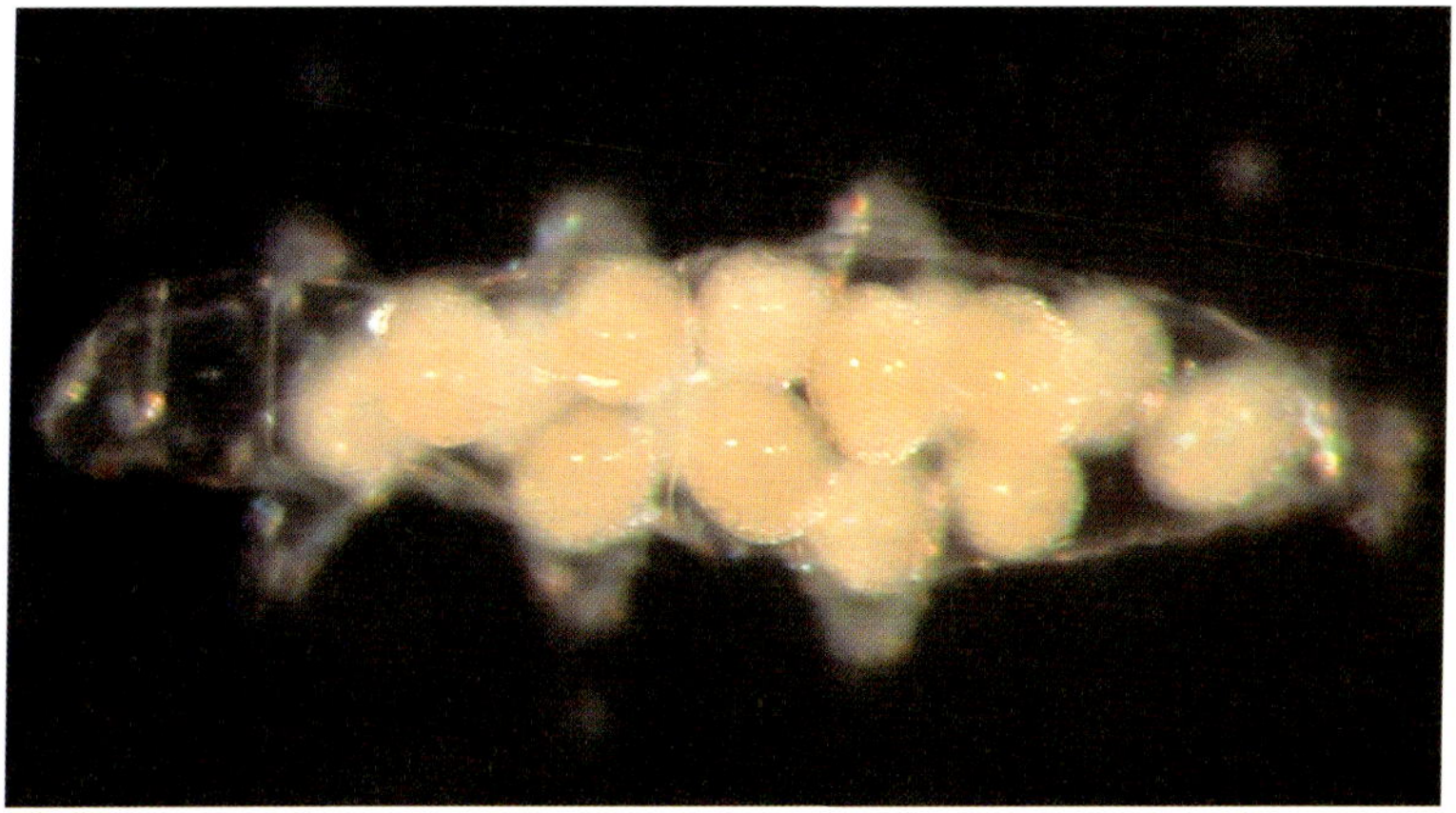

口絵 5　オニクマムシの卵.

（上）卵を 1 個だけ産んだ母親がカメラのほうを向いている．卵割がすでに始まっている．（Suzuki, A. C., Life history of *Milnesium tardigradum* Doyère (Tardigrada) under a rearing environment, Zoological Science 20: 49-57, 2003 より）

（下）15 個の卵が脱皮殻の中に詰まっている．

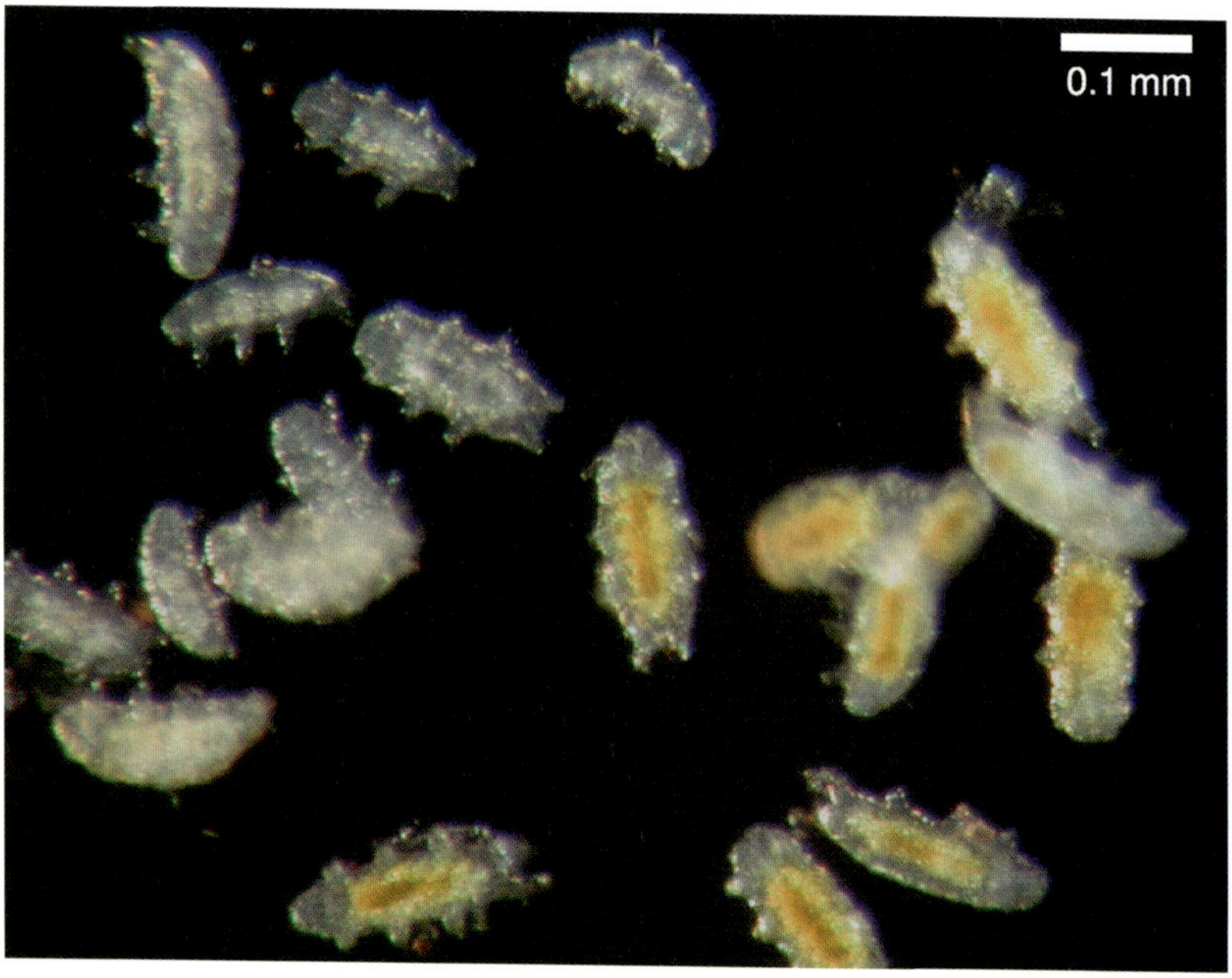

口絵 6　八ヶ岳連峰から得られた *Hypechiniscus gladiator*（ツルギトゲクマムシ，左）と未記載種（右の黄色いクマムシ）

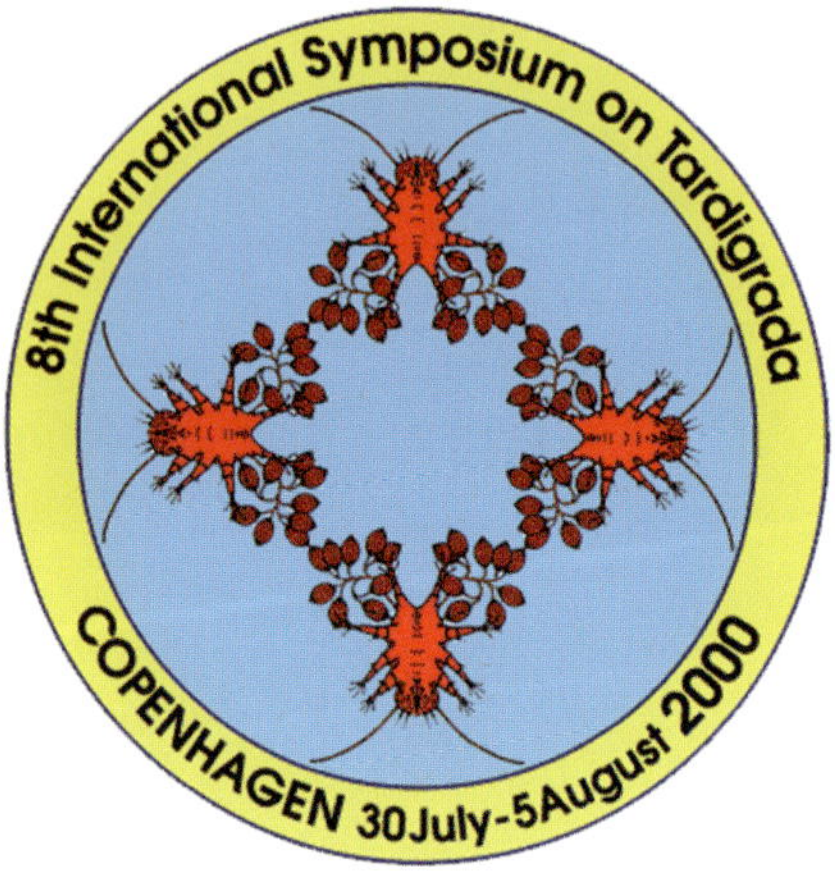

口絵 7　海の底のお洒落なクマムシ *Tanarctus bubulubus* が第 8 回国際クマムシシンポジウムのマスコットとして使われた．（ロゴ製作はコペンハーゲン動物学博物館のイラストレーター Birgitte Rubæk による．資料提供：R. M. Kristensen 教授）

はじめに

この本は、クマムシについて日本語で書かれた一般向けの本としては最初のものとなる。そんなことを言われても「クマムシ？　なにそれ？」と思われる方も多いかもしれない。これを読み進むうちに、その疑問符がとれてくれればよいと思いながら、今これを書き始めている。しかし最終的に疑問符が全部とれることは、ないかもしれない。なぜなら、クマムシはとても不思議な生き物だから……。

クマムシについて巷《ちまた》にはいろいろな噂が飛びかっている。いわく「最強の生物」、なにをしても死なない、クマムシは完全に乾燥すると樽型《たる》になって一〇〇年以上も長生きする。そればかりか、その「樽」はものすごい極限状況にもへっちゃらで、たとえばマイナス二七〇度の超低温とか一五〇度の高温にさらされたって、放射線を浴びたって、電子レンジでチンされたって大丈夫、等々。

これらの噂が、いわば都市伝説のように流布している。これまでクマムシという名前を聞いたことのない人にとって、これはいったい生物学の真面目な話題なのか、はたまた擬似科学的な話題なのか、半信半疑になってもしかたがない。

まずはっきりさせておこう。地球にはクマムシという動物がいる。その中には信じがたい能力を持つものがいるのも事実である。そして、クマムシはさまざまな地球上の仲間の一員として(人知れず)ひっそりと生きている。この小さな本の中で、それが納得できるように話を進めてみたい。

第一章で、クマムシの基礎的な知識を簡単にまとめておく。第二章では、わたし自身が出会ったあるクマムシの生活史を通して、この動物の生きざまに触れる。そしてこの本の後半で「クマムシ伝説」について解説することにする。第三章ではおもにクマムシ研究の初期の歴史を通じて、伝説の主役がどのように登場したのかを紹介する。最後の第四章では、クマムシの持つ特殊な能力とはどのようなものなのか、どこまでわかっていて、どこからわからないかについてまとめてみたい。

それでは、ようこそ不思議なクマムシの世界へ!

目　次

はじめに
1　クマムシってなに？……1
クマムシってムシ？
どんなムシか
動物の中での位置
からだのつくり
名前の由来
どこにいるのか
どうやって息をするのか
何種類いるのか

2 オニクマムシの生活史 …… 13
コケのすき間をのぞく
クマムシを飼いたい！
飼えるのか？
肉食動物オニクマムシ
餌の問題
餌の問題　その二
餌のとり方
飼育環境の整備
世話に明け暮れる日々
クマムシのウンコ
脱　皮
産　卵
母と子
成長の記録と寿命
胚発生
クマムシの発生学
クマムシの性
残る謎の数々

COFFEE BREAK　オニクマムシの学名

3　クマムシ伝説の歴史……49
研究の幕開け
死と復活
『自然の体系』の一員となったクマムシ
一九世紀のクマムシ
海のクマムシ
趣味の顕微鏡観察
クマムシはなぜかわいいのか?
二〇世紀前半の金字塔――エルンスト・マルクス
COFFEE BREAK　クマムシとカンブリア紀の怪物たち

4　クマムシはすごいのか?……77
「樽」とその耐久性
不死身なのか?
水を加えて三分待てば……
クリプトビオシス――秘められた生命
樽の中身はいったい?

樽になるための準備
電子レンジでチン
放射線照射に対する抵抗性
クマムシ以外のすごい奴ら
一二〇年説――事実とフィクション
何年まで大丈夫なのか
クマムシゲノムプロジェクト
分子 vs 形態
屋根のコケ
そして宇宙のクマムシ?!

あとがき

付録　コケにすむ動物を見てみよう!

クマムシってなに?

この章ではごく簡単にクマムシの説明をする。すでにある程度の知識がある方も、もう一度知識の整理をしていただければ幸いである。

クマムシってムシ?

小さいムシである。ただし昆虫ではないし、節足動物でもない。顕微鏡を使って観察しなければ、ほんの小さなケシ粒にしか見えない。大きな種でもようやく一ミリを超えるぐらい、ほとんどのものは〇・一~〇・八ミリぐらいの大きさである。

どんなムシか

顕微鏡でのぞく、と聞くと微小なプランクトンを連想する方もあるかもしれないが、クマムシには四対の肢《あし》があってノコノコと歩く。その肢には昆虫のような関節はない。全体の雰囲気は、肢の数は別として、クマのような動物が歩いているように見える。宮崎駿《はやお》のアニメでたとえるならば『となりのトトロ』に出てくる猫バスの肢の数を少なくした感じだが、あんなに速くは走れない。『風の谷のナウシカ』に出てくる王蟲《オーム》のような装甲を持ったクマムシもいるが、やっぱりあんなに速くは走れない。この本の図をご覧になって、その動きを想像してみていただきたい。

動物の中での位置

クマムシは、分類学の用語では緩歩《かんぽ》動物門という「門《もん》」の中に位置づけられる。わたしたち人類、すなわちヒトは脊索《せきさく》動物門という「門」の中にいる。そこには、背骨を持たないナメクジウオやホヤなどから、背骨を持つ脊椎《せきつい》動物、つまり、ヤツメウナギ、魚類、サンショウウオ、カエル、トカゲ、カメ、恐竜、鳥、哺乳類までが含まれる。その脊索動物門と同じ格付けの地位に置かれているのが緩歩動物門で、これはクマムシ類だけで構成される。この大きなグループ分けについて、ヒトとオニクマムシを並べて表1に示してみた。

からだのつくり

表1　動物界の中での位置(ヒトとオニクマムシの例)

脊索動物門　CHORDATA	緩歩動物門　TARDIGRADA
哺乳綱　Mammalia	真クマムシ綱　Eutardigrada
サル目　Primates	ハナレヅメ目　Apochela
ヒト科　Hominidae	オニクマムシ科　Milnesiidae
ヒト属　*Homo*	オニクマムシ属　*Milnesium*
ヒト　*Homo sapiens*	オニクマムシ　*Milnesium tardigradum*

クマムシだけで独立の門がたてられるのはなぜかといえば、それだけ他の動物とはからだの構造が異なっているからだ。頭部を含めて五つの体節性を示し、腹側の神経系を持つ。関節のない四対の肢の先には爪あるいは吸盤状の「指」がある。

緩歩動物の中では、構造の違いから異《い》クマムシ・真《しん》クマムシ・中《ちゅう》クマムシという三つの「綱《こう》」に分けられている。

異クマムシ綱のクマムシのからだには、さまざまなヒゲや突起がある(図1)。これらのいくつかは感覚器だろうと考えられている。海のクマムシはほとんどがこの綱に所属する。この仲間で陸上に棲《す》むものは、鎧《よろい》のような立派な装甲板に覆われている(図2)。

真クマムシ綱のクマムシの体表には異クマムシのようなヒゲや突起がなく、体表は裸のような感じのものが多い(図3)。なかにはトゲトゲの真クマムシもいたりするが(図4)、特徴的な口ヒゲなどがなく、異クマムシとの違いは明らかである。真クマムシの仲間の卵には、特徴的な、まるで美しい彫刻のような突起を持つものがあり、その形が種の同定に必要な場合も多い(図5)。この綱のクマムシは

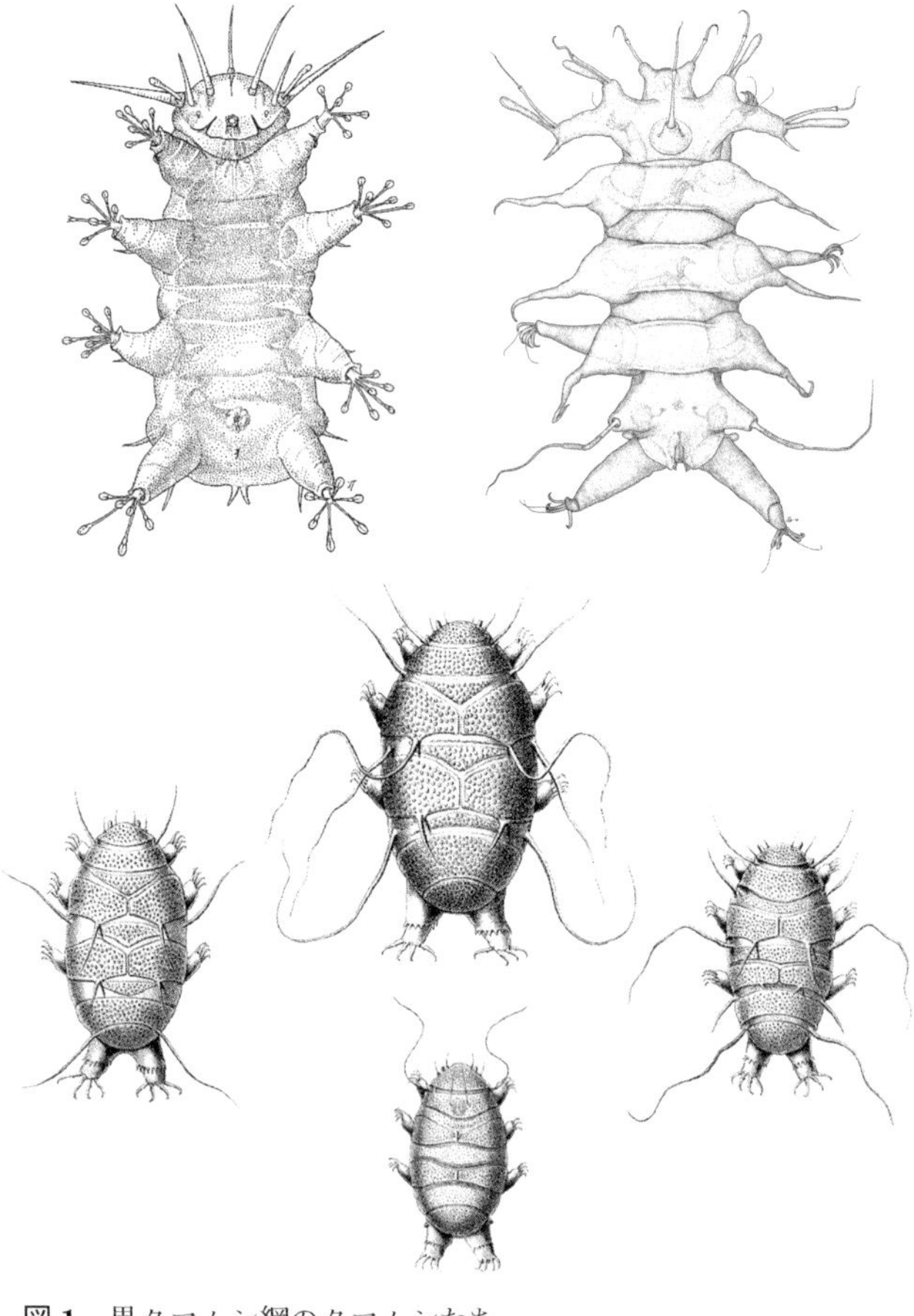

図1　異クマムシ綱のクマムシたち
(上左)*Batillipes noerrevangi*(提供：R. M. Kristensen 教授)
(上右)*Parastygarctus robustus*(提供：J. G. Hansen 氏)
(下)トゲクマムシの仲間4種(Richters, F., Arktische Tardigraden, Fauna Arctica 3: 495-508, Tab. 15-16, 1904より改変)

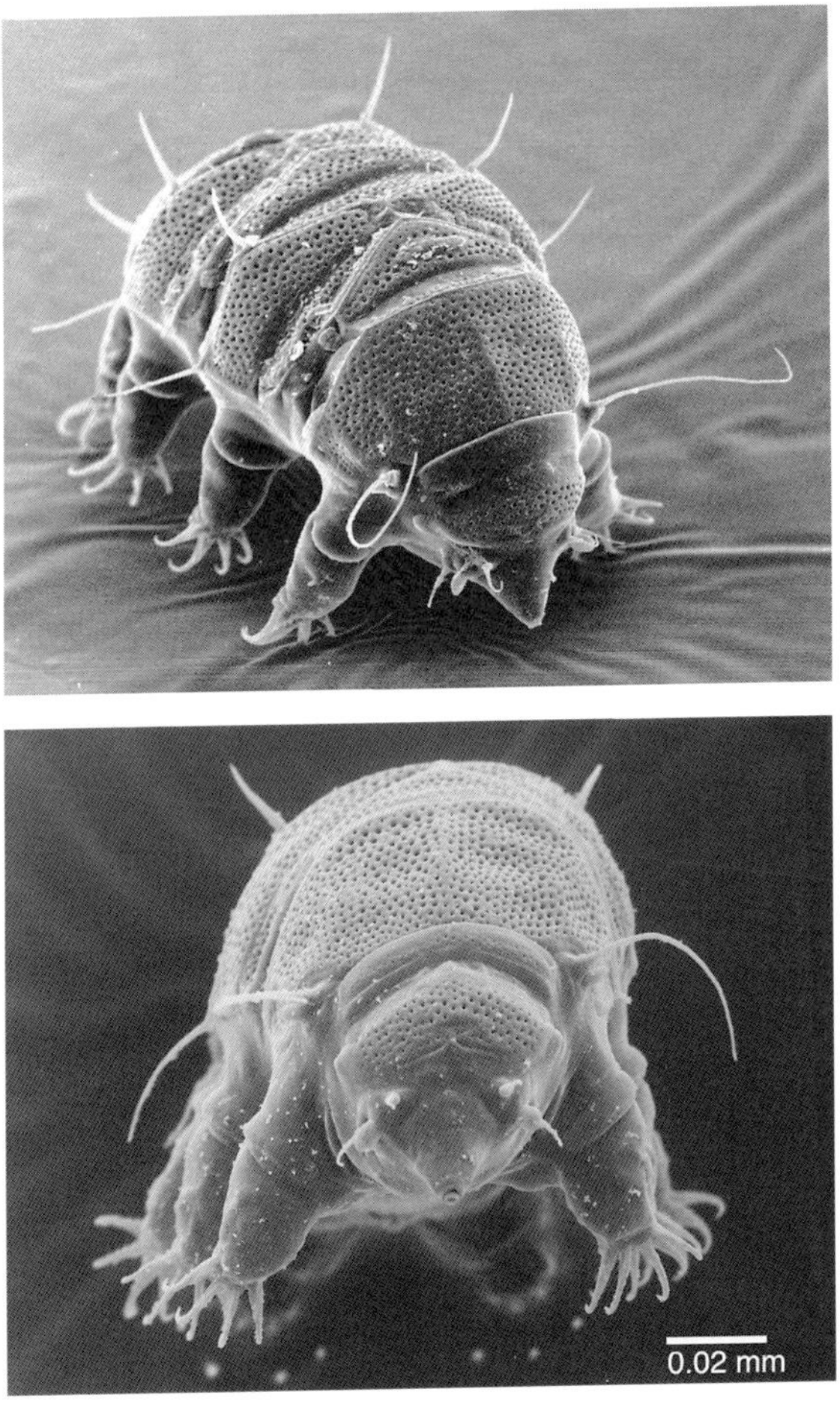

図 2 *Echiniscus spiniger*(異クマムシ綱)
(走査電子顕微鏡写真提供：D. R. Nelson 教授)

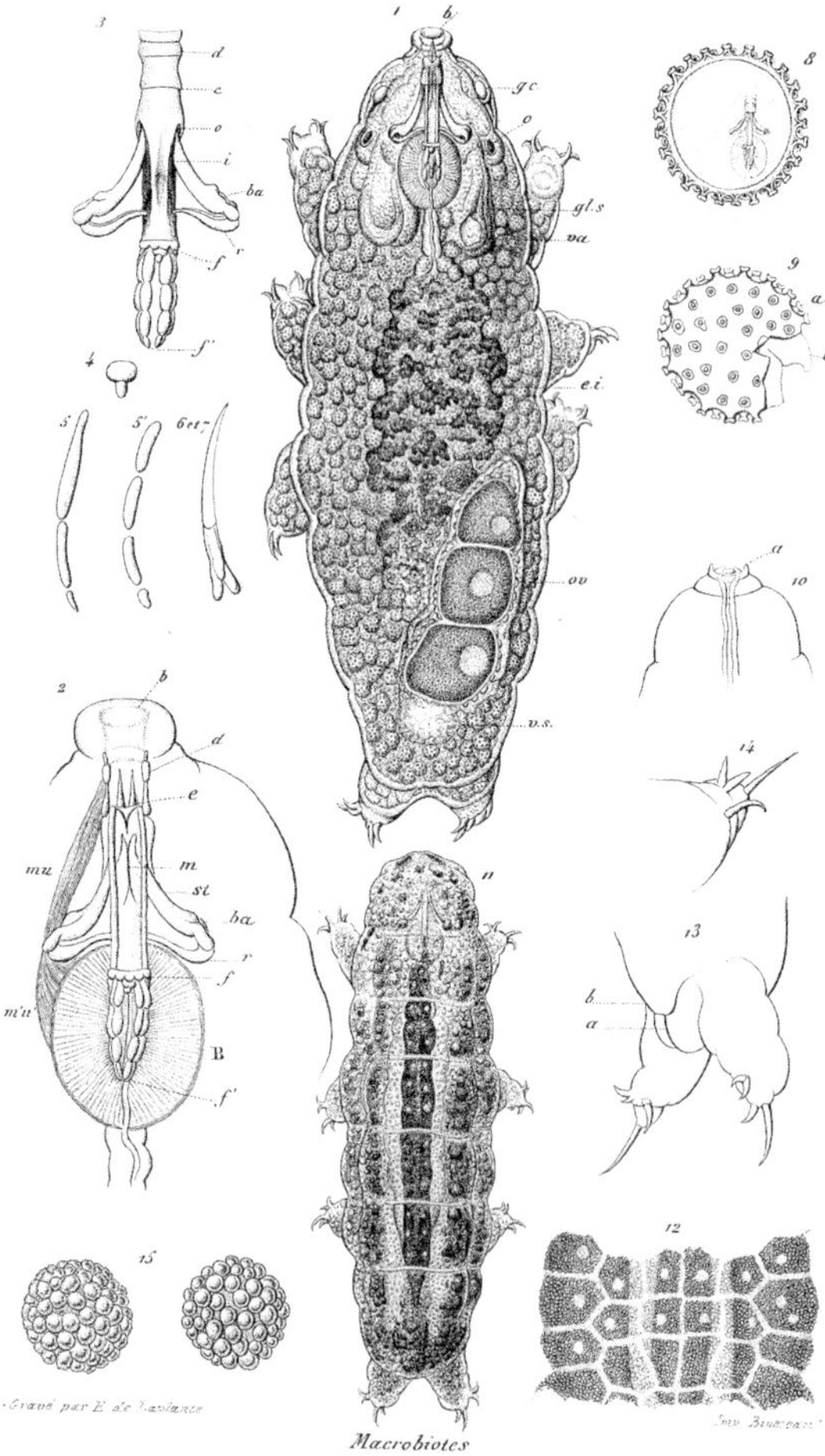

図 3　真クマムシ綱のクマムシ 2 種．右上と左下は卵の図
(Doyère, L., Mémoire sur les tardigrades, Ann. Sci. Nat., sér. 2, 14: 269-361, 1840 より)

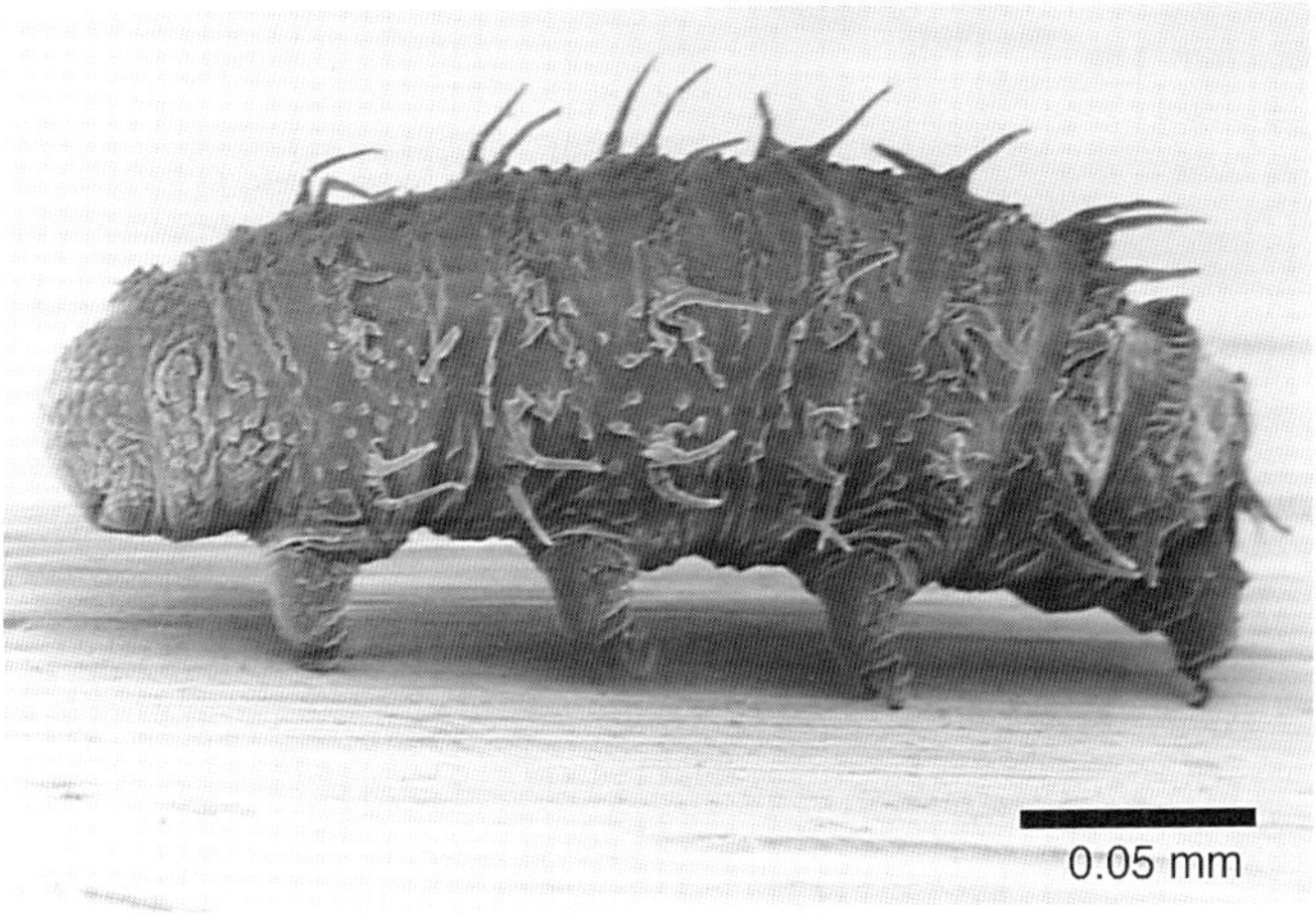

図 4　*Calohypsibius ornatus* トゲヤマクマムシ(真クマムシ綱)
(走査電子顕微鏡写真提供：D. R. Nelson 教授)

ほとんどが陸上あるいは淡水に棲む。しかし少数ではあるが、進化の過程で海から陸に上がり、その後再び海に戻ったと考えられるものもいる。

もうひとつの「中クマムシ綱」は、異クマムシと真クマムシの中間のような形態のもので、たった一種しかいない(図6)。しかしこれは謎のクマムシである。というのは、一九三七年に長崎県雲仙の温泉でドイツ人のラームによってただ一度発見されただけで、今ではその標本も残っていないからだ。

名前の由来

クマムシについて最初に発表された文献はドイツ語のもので、そこで Kleiner

図 5　*Macrobiotus* 属（真クマムシ綱）の美しい形を持つ卵
Ⓐ *Macrobiotus harmsworthi*
Ⓑ *Macrobiotus hufelandi*
Ⓒ *Paramacrobiotus tonollii*
（走査電子顕微鏡写真提供：D. R. Nelson 教授）

Wasserbär と呼ばれた。「小さな水熊」である。英語の water bear はそれを訳したものだ。また、ドイツ語では Bärtierchen とも呼ばれている。動物を意味する Tier に縮小辞がついていて、訳せば「クマムシ」となる。同じ意味で英語でも bear animalcule と呼ばれたことがある。

「緩歩動物」というのはラテン語の Tardigrada の直訳で、緩やかな歩み（のろま）という意味である。日本語で門の名称には、形容語の後に「〜動物」と付ける習慣があるので緩歩動物となる。フランス語でも tardigrade である。デンマーク語では bjørndyr で、ドイツ語のクマムシと同じである。

どこにいるのか

「どこにでもいる」というと少しおおげさだが、そう言われることもある。わたしたちの身近では、そこらへんの塀などにひっついて干からびたコケの中にいる。山を歩けば木々や岩が苔むしていて、もちろんそういうコケの中にもいるし、木々の間の足下の土壌中にも、池の中にもいる。ヒマラヤ山脈からも南極大陸からも見つかっている。海に行けば、砂浜の砂の間にもいるし、フジツボの中に隠れているかもしれない。そして深海底

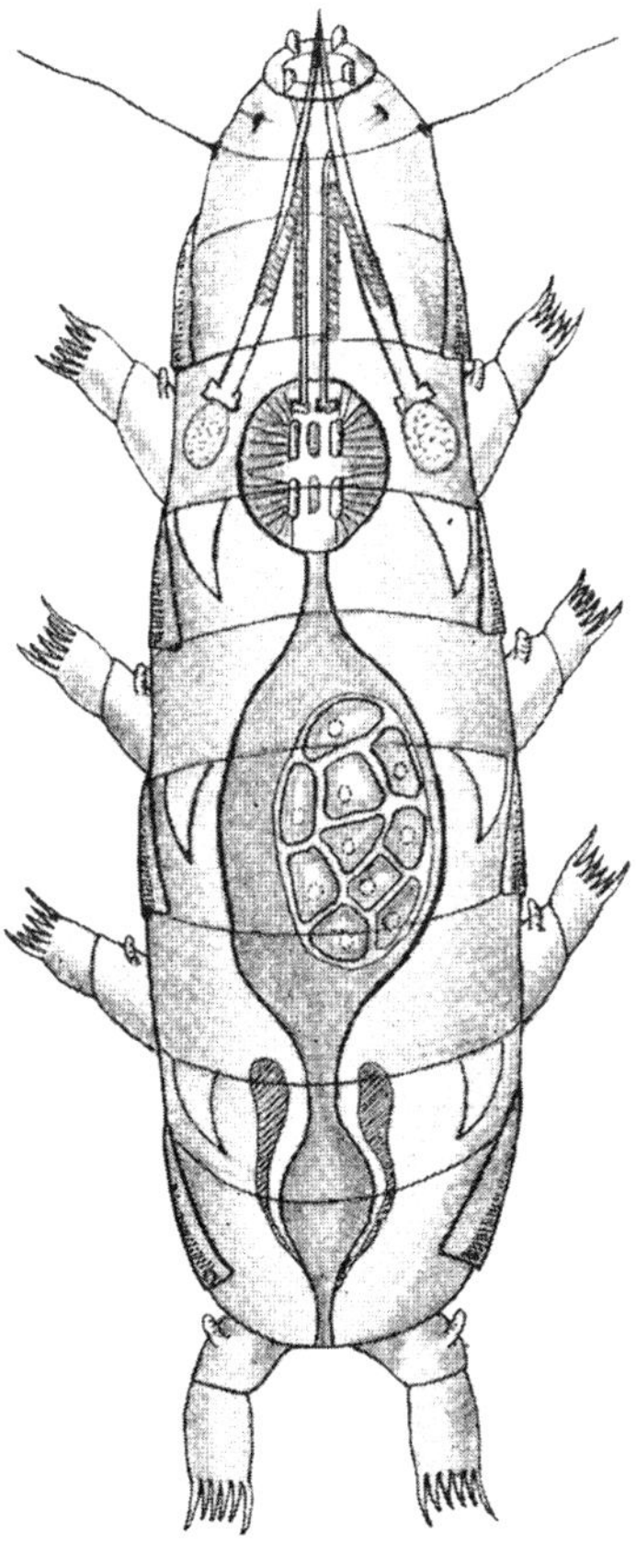

図 6　*Thermozodium esakii* オンセンクマムシ(中クマムシ綱)
(Rahm, G., Eine neue Tardigraden-Ordnung aus den heißen Quellen von Unzen, Insel Kyushu, Japan, Zool. Anz. 120: 65-71, 1937 より)

の堆積物の中にもいる。
いろいろな種類のクマムシがいろいろな場所に棲んでいる。

どうやって息をするのか

水中にも陸上にもいるクマムシたちは、どうやって息をしているのか。節足動物ならば、陸上のものには気門や気管があるし、水中のものには鰓《えら》がある。クマムシの小さなからだにはそのようなしくみは発達しておらず、まわりの水にとけ込んだ酸素が単純な拡散によって体内に入って来ると考えられる。つまり陸上にいるクマムシも、生活のためには体表に水の薄衣をまとうことが必要なので、その意味では真の陸上動物とはいえない。

陸上では土壌中ならばまだしも、コケの中にいる多くのクマムシはつねに干からびてしまう危険にさらされている。これらの種では、乾燥に対処するための特別な能力を備えている。ところがそれは乾燥を防ぐ能力ではない。逆に乾いてしまうこと(乾眠《かんみん》)によって耐えるのだ。一般に「クリプトビオシス」と呼ばれるこの不思議な能力については、第四章で詳しく扱うことにする。

乾燥する危険のない環境に棲んでいるクマムシには一般にそのような能力はみられず、乾けば死んでしまう。

何種類いるのか

「いろいろな種類」と書いたが、ではいったい何種類いるのだろうか。

一般に、新種記載された生物が後に別の属に移されたり、すでに存在している別の種と同じものとみなされたり、あるいはひとつの種が多数の種に分割されたりすることはよくある。そしてその見解は研究者によって異なる場合も多いため、生物の属や種の数は必ずしも正確にはいえないのが普通である。しかも続々と新種が記載されている場合にはなおさら、現時点での種数は「およそ何種」としかいえないことになる。

ともかく、初めてクマムシの分類体系をまとめたマルクスは、一九二九年に二七四種（うち一〇七種は不確実）を数え、一九三六年には一七六種（ほか八四の不明種）と数えた。クマムシ類に対して初めて「門」の地位を与えたラマツォッティによる『緩歩動物門』初版（一九六二年）では三〇一種、その第二版（一九七二年）で四一七種、そして一九八三年の第三版では五四八種と増え続ける。その後の二〇年間にうなぎのぼりに新種が記載され、また数多くの属が新設されて、既存種の移動やらなにやらで混沌とした様相を呈したまま、新世紀に入ってしまった。

二〇〇五年二月に発表された最も新しいチェックリストでは、およそ九六〇種とされている。その後も続々と新種記載がされているため、この本が出版される二〇〇六年夏の時点では、クマムシは全部で一〇〇〇種ぐらい見つかっているといってよいだろう。そのうち約一割が日本国内でも記録されている。わたしも未記載種と考えられるクマムシ（口絵6）をひとつ手元に持っている。

日本はクマムシの分類学者がかなり多いほうである。現在おもな研究者としては、宇津木和夫、伊藤雅道、阿部渉が陸上のクマムシ、野田泰一が海のクマムシの専門家として活躍している。クマムシの同定をできる人がこれだけ揃っているというのは、日本のクマムシ研究にとって大変に心強いことだ。

さて次の章では、わたしたちの身近なところにいるクマムシの話をしてみたい。クマムシを飼育してはじめてわかった、あるクマムシが生まれてから死ぬまでの一生の話である。

2 オニクマムシの生活史

コケのすき間をのぞく

発端は西暦二〇〇〇年の正月明けのことだった。その頃わたしは昆虫の精子形成について研究していたのだが、大学のさまざまな用事で忙殺されるなか、ふと思い立って大学の建物にひっついて干からびたコケを水に浸してのぞいてみたのである。

水に浸したコケを実体顕微鏡で観察していると、びっくりするほどいろいろな生物が出てきて、しばらく時間を忘れてしまうほどおもしろかった。そのうち、ぜひとも見たかったクマムシに会うこともできて、ちょっとしたヒマを見つけては眺めていた。大学のコケの中には、初心者の目で見ても少なくとも三種類の違った形のクマムシが棲んでいるようだ。

白っぽく透明でプニプニした奴は、たぶん*Macrobiotus*（チョウメイムシ属）というグループの一員なのではないかな、と思いつつも勝手に「白クマ」と呼ぶことにする（口絵4上）。

緩歩動物のイメージ通り、緩やかにノソノソとコケの葉のすき間を歩いている。白い体の中に緑色の腸が透けて見えるので、この白クマはコケのジュースを飲んでいるように思われる。

もう少し細長く、顔つきもクマというよりはアナグマのような奴もいる(口絵4下)。色はオレンジ色を帯びている。これの動きは白クマに比べればかなり素早い。その顔をじっと眺めていると、特徴ある口の周りの突起がわかる。これはたぶん*Milnesium tardigradum*(オニクマムシ)という種に違いない。文献によればこの種は世界中に分布するコスモポリタン(汎存種《はんぞんしゅ》)らしいし、他に似たような種はほとんどいないらしい。それで、アナグマと呼ぶかわりに初めから「オニクマムシ」という名で呼ぶことにした。これは文献に肉食性だと書いてある。(ただしオニクマムシは実際にはひとつの種ではないという意見があり、何種にも分割される可能性もあった。そして、二〇〇六年二月にはオニクマムシ属の新種を、なんと、いっきに五種も記載した論文があらわれている。)(第4章末尾の追記参照。)

三番目の種は、もっと小さくて緑色がかった黒。前の二つに比べると固そうで、小さなダニのようにも見えるが、足の様子が節足動物っぽくなく、ヨチヨチと足を伸ばしてはひっこめる。長い口ヒゲを生やしている。その姿をよく見ると、これはどうも鎧をつけたトゲクマムシの仲間らしい。動き方はほんとうに不器用でのろまである。

まわりには同じようなサイズの単細胞の原生動物が、たくみな繊毛《せんもう》の動きで飛ぶように泳ぎ回っているというのに、このクマムシたちときたら、よくもこんなノンビリした奴らが生き延びてきたものだと感心する。いったいどうやって生きているんだろう?

クマムシを飼いたい!

年度末の業務に追われながら、二月なかばに採ってきて水に浸したコケをずっと放置しておいた。そして、ときたまシャーレの中で水に浸ったコケのすき間を眺めているうちに、トゲクマムシの仲間と思われる奴は姿を消してしまった。しかし、白クマとオニクマムシは、あいかわらずそこにいた。特になにもしていないのだが、シャーレの水の中では小さな生態系が廻っているようだった。そうはいっても、これではいつまでたっても、ただ見ているだけである。なにかできないだろうか。季節はもう春を迎えていた。

ある動物の生活史を知りたいとき、それがたとえば大型の野生動物であれば、フィールド調査に出かけることになるだろう。昆虫のような大きさのものであれば、もしかしたら飼育してその一生を観るということもできるかもしれない。しかし、野生のものは、そんなに簡単には飼育できないことのほうが多い。そもそも、生活史がわからない動物は飼育に必要な環境条件もわからないのだ。その場合はやはり、野外での観察を丹念に続けることになるだろう。クマムシのように微小なものは、野外で採集して研究室に持ちかえったコケなどの試料から標本を作り、そこから得られる断片的な情報をつなぎ合わせて、その生活を推定するしか方法はないのかもしれない。しかしそれでは、生まれてから死ぬまでの一生を観るのはむずかしい。

クマムシを飼いたい！　俄然そういう気持ちがわき上がってきた。

飼えるのか？

飼いたいと思っても飼えるかどうか、そんなことはもちろんわからない。

わたしは学生時代には昆虫変態にかかわるホルモンの研究をして、カイコやエリサンという蛾《が》の幼虫の世話に明け暮れる毎日だったし、慶應義塾大学日吉キャンパスに来てから始めた昆虫の精子形成の研究では、コオロギの成長の様子を記録することから自分の研究を始めた。だから、もし飼えるものならばそうしたいと、強く思った。

昔『採集と飼育』という雑誌があったことを懐かしく思う。その題名は少年時代のわたしが求めていた生物学の象徴だったが、すでに廃刊になって久しい。博物学的な生物学は流行《はや》らない世の中なのかもしれない。それでも、それがおもしろいのだから仕方がないではないか。クマムシの採集と飼育！　ああ、なんて素敵な響きなんだろう。

しかし、もちろんそんなに簡単にできるとは思えない。いよいよわたしも、フィールド調査に出かける毎日になるのかもしれないなあと、それはそれで、ワクワク楽しみな気分だった。

肉食動物オニクマムシ

さて、ともかく身近には白クマとオニクマムシたちが二カ月近くも小さなシャーレの中で生きている。白クマはおそらくコケを食べているので、コケをときどき補充してやれば、いちおう飼っていることになるのかもしれない。だが、これではほとんど野生状態と変わらず、コケの中に隠れている白クマを探すのも大変である。

ではもう一方のオニクマムシはどうか。この種類は肉食性だということが文献には書かれているのだが、いったいなにを食べているのだろうか。

コケの中の世界には、クマムシのほかにもさまざまな生物がうごめいている。白く透明でピンピンと跳ね回るようにのたくり暴れる線虫《せんちゅう》類。ヒルのように伸び縮みして歩き、ときどき浮遊するヒルガタワムシ類。単細胞のさまざまな原生動物たち。オニクマムシが歩きまわるそこかしこで、これらの生物に遭遇する。コケの中で生活するこれらの動物は、クマムシと同様に乾燥に対する抵抗性を備えたものたちである。それから、低倍率の顕微鏡ではよく見えないが、おびただしい数のバクテリアがいるはずだ。

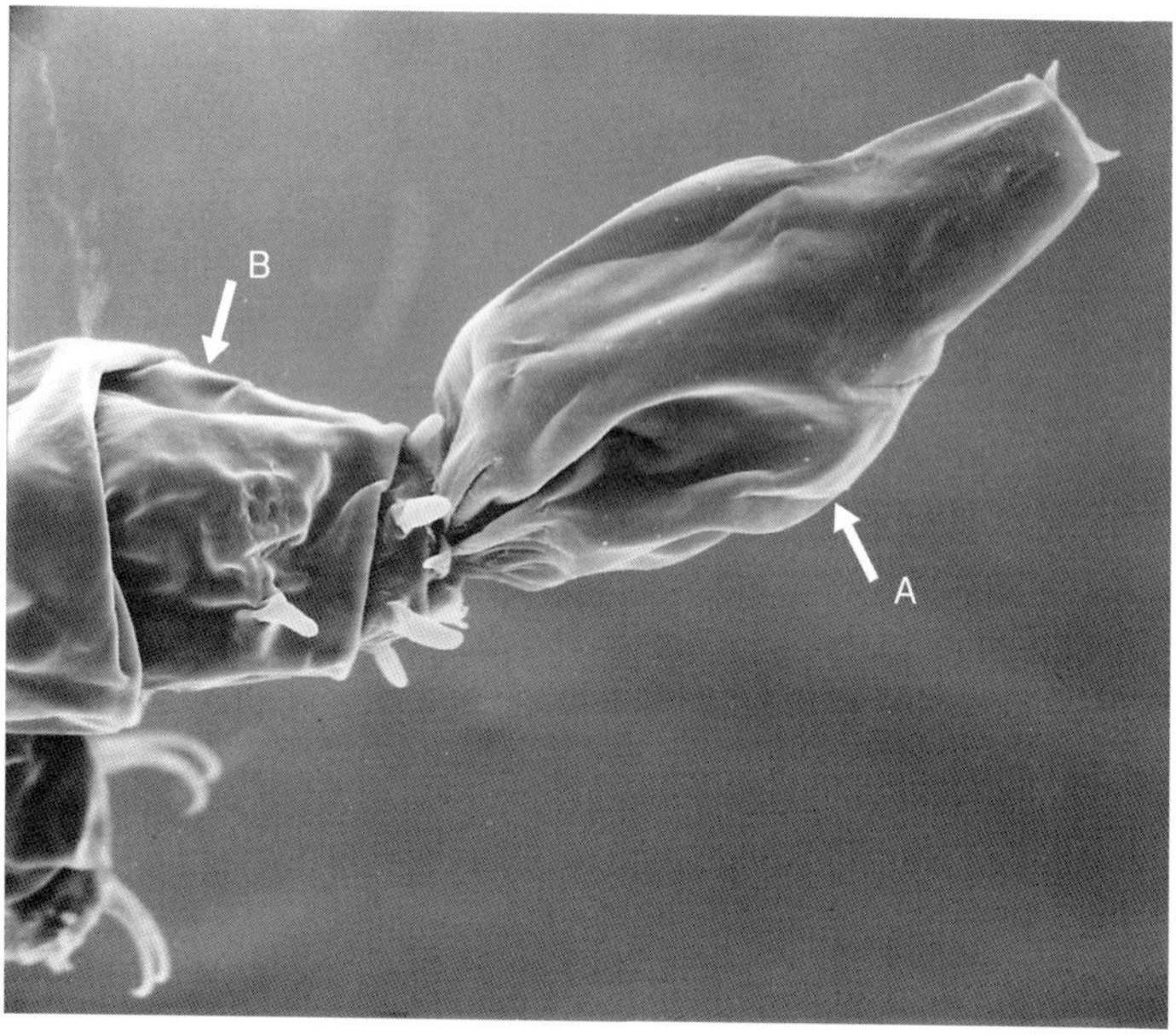

図 7　ヒルガタワムシ(A)を豪快に飲み込むオニクマムシ(B)
(走査電子顕微鏡写真提供：D. R. Nelson 教授)

オニクマムシはこれらのうちのどれかを食べているには違いない。文献を探すと，ワムシを豪快に飲み込む写真(図7)もある。ワムシ類は頭部に発達した繊毛環をもつ浮遊性ないしは匍匐《ほふく》性の小さな動物で淡水や海水から多くの種が知られており(図8)，寄生種ではなく自由生活をするワムシは単生殖巣類とヒルガタワムシ類の二つのグループに分けられる。コケの中では大きな(といっても一ミリ未満の)ヒルガタワムシがよく見つかるのだが，どうもこれはオニクマムシにとって大きすぎるためか、いっこうに食べようとしない。オニクマムシは、ワムシだけでなく線虫や他のクマムシなども捕食するとも言われている。

しかし、いくら眺めていてもなかなかその現場は見つからない。捕食しようと努力してい

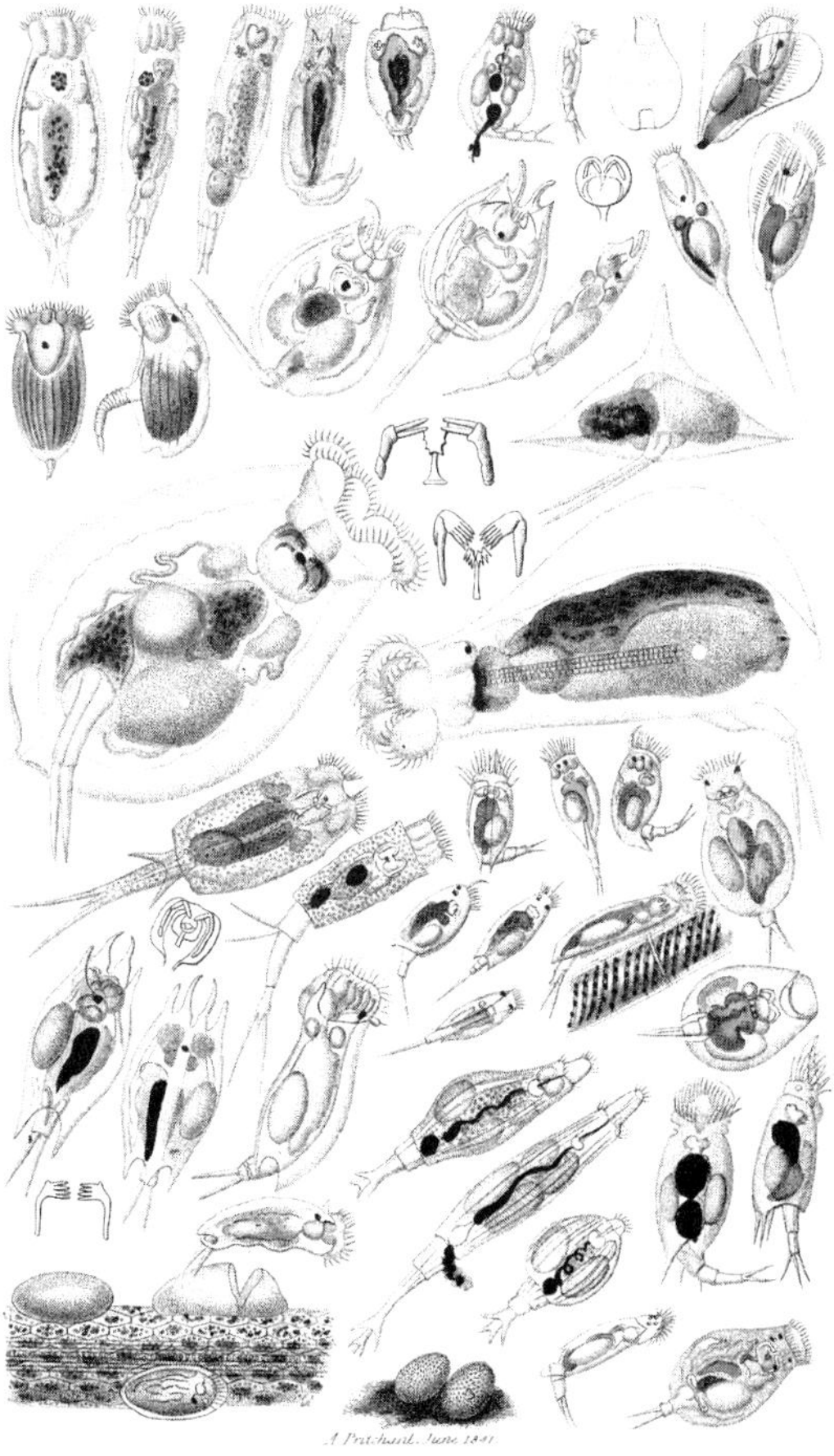

図 8　さまざまなワムシ類
(Pritchard, A., History of Infusoria, Whittaker and Co., London, 1841 より)

るのかさえわからない。

餌の問題

さて、もしオニクマムシが線虫を食べるのならば、モデル生物として研究に使用されている線虫C・エレガンス(*Caenorhabditis elegans*)も食べるかもしれない。そう思って、その線虫を培養しているシャーレの中にオニクマムシを放してみたのだが、結果はなんと、線虫から逃げ回っているではないか。やっぱりそう簡単にはいかなかった。

じつはオニクマムシの培養はすでに一九六四年にドイツのバウマンによる報告がある。その記述によれば、オニクマムシはワムシだけでなくバクテリアや繊毛虫やカビなども食べているように書かれているのだが、日吉のクマムシを見ている限り、どうも繊毛虫を攻撃する気配は皆無である。バクテリアは小さすぎて食べているのかどうか、さっぱりわからない。カビなんてほんとうに食べるのだろうか？　ちょっと信じられない気もする。

それでもしつこく観察するうちに、ある日、オニクマムシが小さなワムシをパクっと食べた。おおっ、食べた！　今のワムシはどうもヒルガタワムシではなく、単生殖巣類のワムシのようだったが、ともかくワムシを食べるということは確かだ。うーむ、やっぱり餌《えさ》はワムシに限るのかもしれない。でも、ワムシを増やすにはどうしたらよいのだろう？

肉食動物を飼う、ということはつまり、餌となる動物も飼わなければならないのだった。

さて、どうしたものか。もし、すでに大量に培養されているようなワムシがあれば、それを使うことができるかもしれない。最近では、なにか調べたいものがある時には、まずインターネットで検索する、という人が多いだろう。わたしもそうしてみた。しかし、ワムシ培養に関しては、魚の餌として使われている海産のシオミズツボワムシという種類の情報は山ほど出て来るのだが、淡水産のワムシに関しては得るものはほとんどない。図書室でいろいろ古い文献を探しても、なかなかこれはというものが出て来ない。うーむ、どうしたらよいのだ？

この時、幸運な偶然に出会ったのだった。学生の生物学実験用に維持していたアメーバ培養のシャーレの中に、あろうことか、ワムシがウジャウジャ増えていたのである。しかも大型のヒルガタワムシではなく、体長〇・一ミリ程度の単生殖巣類の小さなワムシだ。普通ならば、本来のアメーバ以外のコンタミ(混入物)として毛嫌いするところだが、このときはもちろん大喜びである。さっそくそのワムシを何匹かピペットで吸い取って、オニクマムシが歩いている所へ置いてみた。さて、どうだろうか……。食べるかな？　食べてくれるかな？　食べてくれ！　その結果は……食べた！　このときほど、動物が食事をする光景が嬉しく見えたことはない。

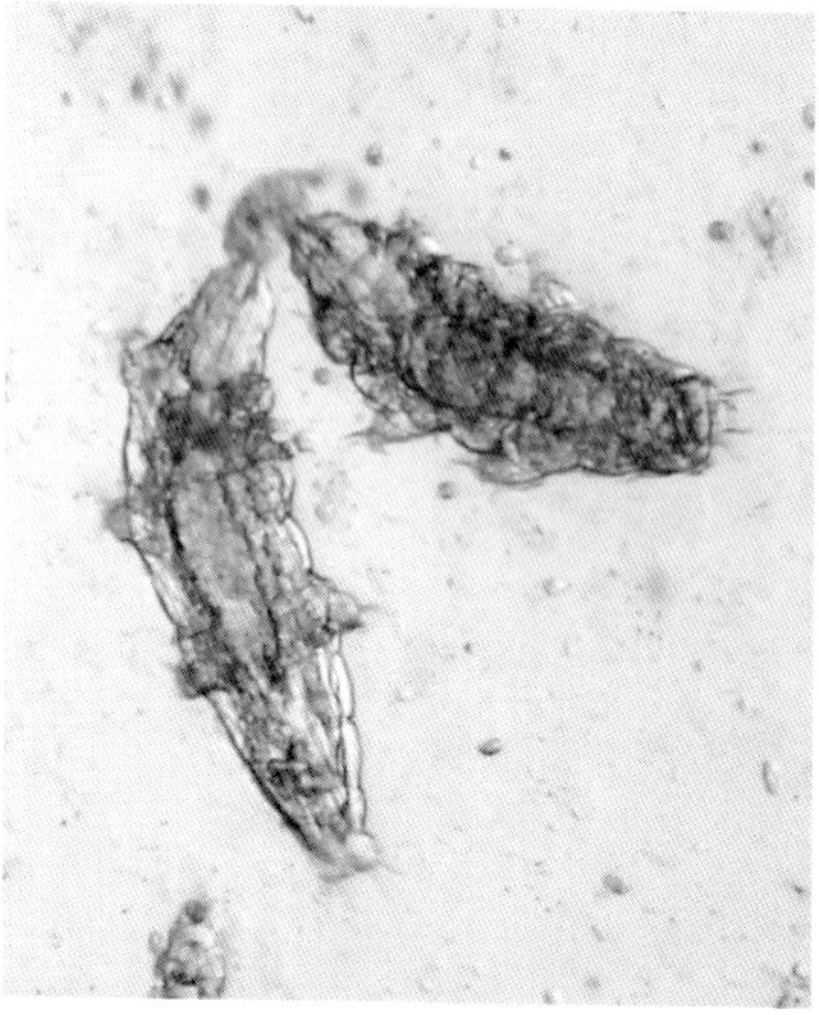

図9　2匹の1齢幼虫が餌ワムシに吸い付いている．

もうひとつ嬉しかったことがある。孵化《ふか》したばかりの赤ちゃんクマムシが、いきなりこのワムシを食べることがわかったのだ(図9)。つまり、このワムシさえ十分確保できれば、オニクマムシの全生涯を世話することが可能になりそうだ、というわけである。

その後は、そのワムシを安定して維持する方法を考えなければならなかったが、アメーバ培養の中で殖えていたわけだから、そのままでもよいのだろう。方法は非常に単純だ。水の中に米粒を沈めておくとまわりにバクテリアが殖え、それを食べるキロモナスという微生物が殖え、そのキロモナスをアメーバが食べる。ワムシの餌はバクテリアなのでキロモナスとアメーバは不要だし、オニクマムシがそれらを食べるところも見たことがないので、培養系から排除することにした。こう書くと簡単そうに見えるが、昔の人が微生物は自然発生すると信じていたのもむべなるかな、である。アメーバはともかく、洗っても洗っても、いつのまにかキロモナスが出てくる。こいつらは自然発生しているのか？と思いたくなるが、それでもしつこくやっているうちに、いなくなってくれた。

自然のコケの中からも餌候補の小さなワムシが採れたので、それも培養できるかどうか、同じ方法で何度かやってみたが、なかなか簡単にはできそうになかった。アメーバ培養から採れた奴は、必ずしもつねに順調というわけではなかったが、いくつかシャーレを並べておくと、そのどれかには殖えている、という具合でなんとかなりそうである。よし、これでオニクマムシを殖やそうという意欲がわいた。

なお、もっと後になってから、自然のコケの中で小さなヒルガタワムシを食べているのを観察した。おそらく自然環境の中での一番ありそうな餌は、このような小型のヒルガタワムシだと思われる。

餌の問題　その二

「その二」というのは、この餌として使えそうなワムシの種名はなにか、という問題であった。

もしうまくオニクマムシを飼えて観察ができたとする。その後すべきことはそれを論文に書かなければならないのだが、餌の名前がわからなければ困るのだ。ところが、ワムシの種名を簡単に調べられるような図鑑は簡単には見つからない。ともかく日本語で手に入りそうなものを片端から見てみたが、どうもそれらには出ていないようだ。そんなわけで、ワムシの文献にも目を光らせることになってしまった。いったん深みにはまると、別の深みにも出会うことになるのだ。

さいわい、オランダから最新のワムシの分類学シリーズが出ていることを知って、それらを取り寄せて検索してみたところ、餌のワムシは *Lecane inermis* という種だということがわかった。じつはもう一度日本の検索図説を見たら、ちゃんと載っていたのだが、和名は付いていないので、ここでは単に「ワムシ」あるいは「餌ワムシ」と呼ぶことにしよう。

餌のとり方

オニクマムシはからだの前半を大きく振りながら歩き、たまたま口先にワムシが来るとパクッと食べるのだが、どうも行き当たりばったりという感じである。ワムシを他の動物とよく区別していることだけは確かだが、すぐ横をワムシが通り過ぎても気づかない。感覚器と思われる器官として、口の周囲に六本とその後方に一対の乳頭突起があり、また一対の眼点もそなえているが、これらが餌探しに役立っているかどうかはわからない。ただ、誰かが餌を食べている所へ他のクマムシが寄って来て一緒に食べようとすることは多いので、ワムシの体液の臭いを嗅ぎ付けているように思われる。

飼育環境の整備

これで餌の問題はなんとかなりそうだから、そのほかの条件を整えよう。オニクマムシも白クマも、スライドガラスの上や、プラスチック・シャーレの表面を歩くのは苦手である。つるつるすべって、じたばたもがいている。ヒルガタワムシがスマートに繊毛を使って泳いだり、ヒルのように上手に歩いたりするのとは全然違って、ほんとうに不器用なのだった。歩きづらいためか、ときどきオニクマムシがプラスチックの表面にキスをするように逆立ちして動けなくなったりしていることもある。

そこで、いろいろ微生物を培養するのに使われる寒天培地の方法にならってみることにした。寒天の上なら歩きやすかろう。足場にするだけなので、それほど厚くせずシャーレの底を寒天でコーティングする感じである。そこへ水を入れてクマムシを放してやった。その様子を見ていると、予想通りクマムシたちは寒天の上をノコノコと調子良く歩いている。その中にワムシをばらまいてやると、どんどん食べてくれた。

嬉しかった。ひょっとしたら、もうこれで成功なのではないかと思った。

ところがここでひとつ問題があった。微生物の寒天培地を作る場合、普通はたくさんのシャーレに寒天を固めて、そのまま冷蔵庫で保存するので、最初は同様にやってみた。しかし、冷蔵庫で保存すると、寒天が乾燥して少し縮むのでシャーレの壁面との間にわずかなすき間ができる。ここへ水を入れてクマムシを入れると、困ったことにクマムシたちはすき間が大好き。全員、その壁面にできたすき間にゾロゾロと入り込んで、さらにそこからシャーレの底面までもぐり込んでいって、そこで窒息してしまったのだ。こ、これは大変。なんとかうまい方法はないだろうか。

側面のすき間をなくせばよいのだ。というわけで、側面にもぐるりと寒天をまわして、シャーレ全体を寒天でコーティングすることにしてみた。こうすれば、寒天でできたシャーレの中にいるようなものだから大丈夫なはずである。ところが、またしても思いがけないことが起こった。

シャーレの側面にまで足場ができると、クマムシたちはみな喜んでそこをよじ登ってくるのだった。そして、ちょうど水面のあたりを好んで歩いていることが多く、顕微鏡で観察しようとするとものすごく具合が悪い。おまけに、それだけではすまなかった。なんと奴らは水面の上まで水の薄衣を引きずって歩き出てくるのである。そして、そのうちのいくつかは、そこで乾いてしまうのだ！　なんたることだ。こいつらはひょっとして自ら乾くために出て来るのか？　乾燥に耐える、というよりも乾燥が好きなのか？

それはさておき、このままではどうしても具合が悪い。いろいろ考えて結局落ち着いた方法は、寒天を固めた後は、冷蔵庫で保存せずにすぐに水を入れるという単純なことだった。バカバカしいほど単純であるが、こうすれば、側面にすき間ができることもなく、寒天の裏側で窒息してしまうこともなくなった。

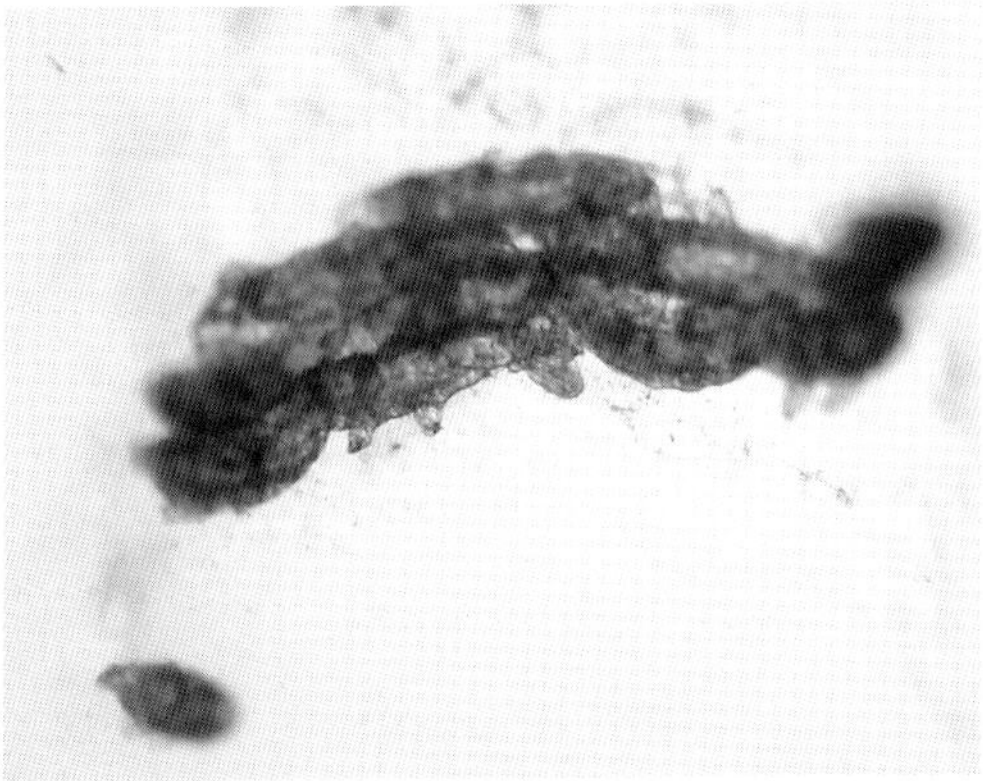

図 10　寒天の裂け目の中で，10 匹以上のオニクマムシが重なり合って寝ている．

それでも、餌やりのときに寒天の表面を引っ掻いたりしてできるちょっとした亀裂は、やっぱりクマムシにとって魅力的な場所らしく、そのような裂け目があるとたいてい何匹かのクマムシがその中にいるのが観察できる。とくに脱皮するときは、もしすき間が見つかればかならずその中にもぐってじっとしている(図10)。脱皮期には動けない。少しでも安全な場所を選びたいだろう。野外ではコケの葉のすき間でじっとしているに違いない。

世話に明け暮れる日々

ともかくなんとか、オニクマムシを世話しているという実感がわいてきた。これからは、わたしが餌をやらなければ、このクマムシたちは生きていけない。そういう責任がかかってしまったのだが、もちろんそれは望むところなのだ。そうしながら、オニクマムシの生きざまを観ることができれば、こんな嬉しいことはない！

四〇年前にオニクマムシの観察をしていたバウマンの論文からも、苦労して飼育を試みた経緯がかなりわかる。論文には余分なことを書かない習《なら》いなので、こういうことは普通ほとんどわからない。しかし彼の論文はブレーメンの博物館の紀要に発表されたものだったせいか、いろいろ細かいことも書かれてあった。しかも、自分と同じような苦労をした先達である。たぶん、いろいろ大変だったろうなぁと思いながら深読みをすることができるのである。彼の場合は結局のところ最良の餌に到達できなかったのだと思う。後で述べるように、餌の問題は産卵数に直接響いてくるのであるが、それから考えて、バウマンによる飼育環境はあまり良いものでなかったことが明らかだし、彼自身そのことに言及している。ちなみに、このバウマンという人はまだ若かった頃に乾燥した状態のクマムシの耐久性に関する論文（一九二二年）を書いており、その中で「小さな樽型」と呼んだことがきっかけとなって、以後乾燥クマムシのことが「樽」と呼ばれるようになった。

それはさておき、オニクマムシを飼っている、という感激を味わいながら、毎日の餌やりと掃除が始まったのだった。たった今、「毎日」と書いたばかりだが、後で述べる成長記録をとったとき以外は、ほんとうはずっと毎日やっていたわけではない。毎日世話をすれば、オニクマムシたちはじつに調子良さそうである。しかし、こちらはだんだんバテてくる。クマムシが調子良く殖えてくると、たくさんの餌を食べるので、ワムシも調子良くたくさん殖えてくれなければならない。

生物学で教えるところでは、肉食動物という栄養段階の生物を養うための草食動物の量的な割合は一〇倍ぐらい必要なのである。それから想像していただければよいと思うのだが、ともかく、肉食獣を飼うためにはそれだけの餌の動物を確保しなければならないのである。

クマムシのウンコ

さて、オニクマムシはどのぐらい食べるのだろうか？　その「生涯にどれだけ食べるか？」という質問に答えられるほどのデータはまだないのだが、一回の食事でどれだけ食べるかはだいたいわかっている。成体のオニクマムシは餌ワムシがたくさん得られる環境であれば、どんどん立て続けに飲み込んでいく。ある時の観察では一五分ほどの間に一七匹も食

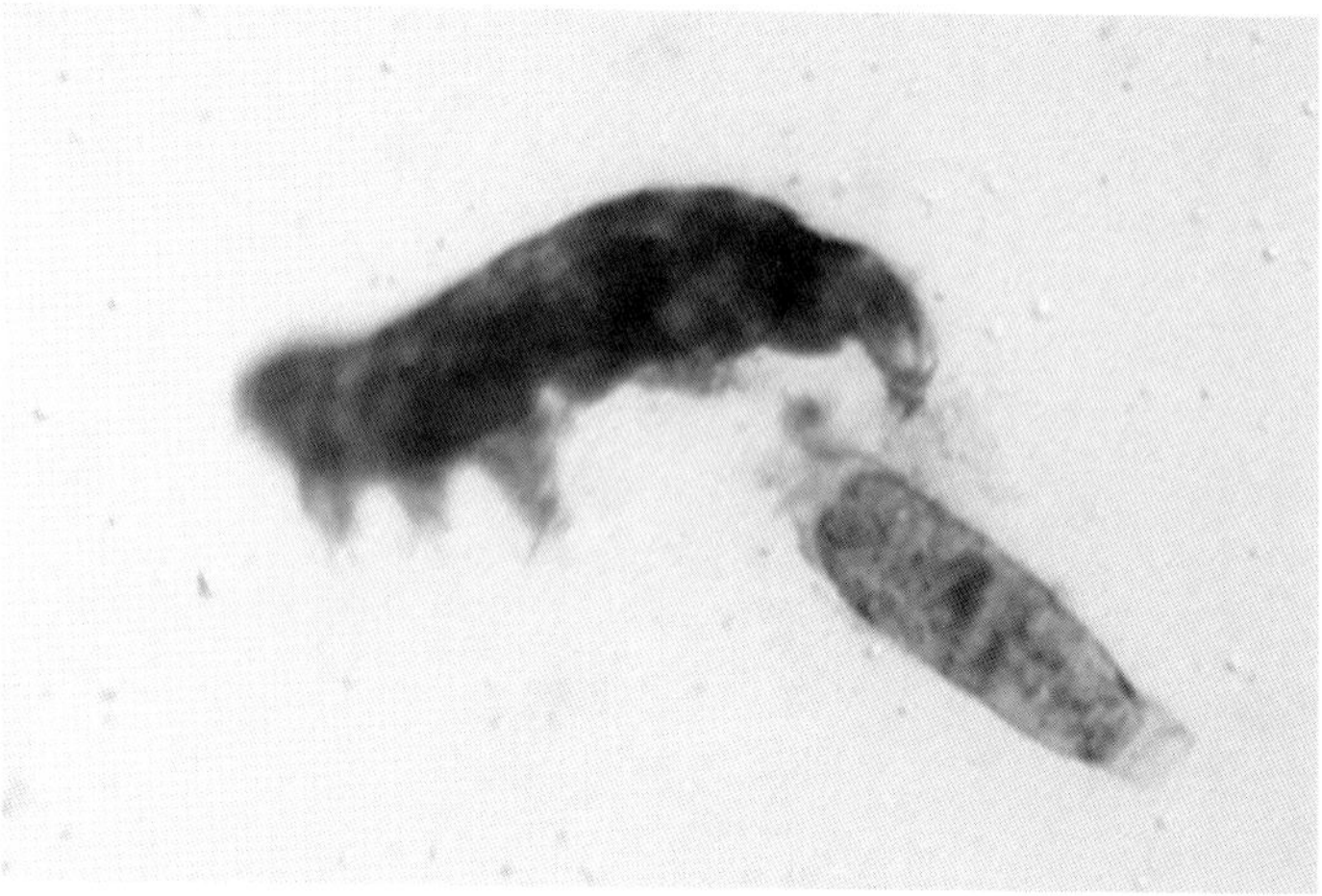

図 11　大人のオニクマムシが糞をした瞬間

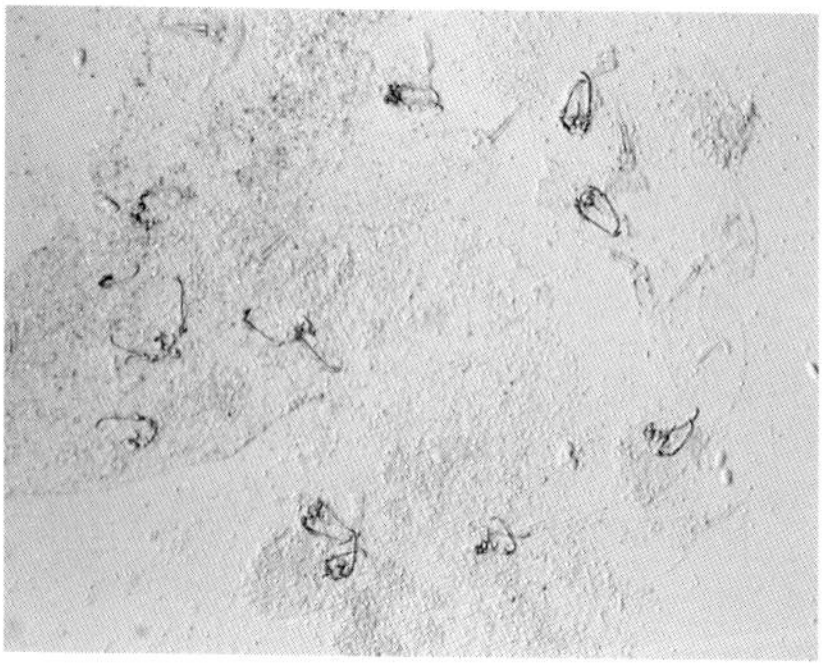

図 12　ウンコの中にはワムシの残骸が見える.

べたことがある。

図**11**は大人のオニクマムシが糞《ふん》をした瞬間の写真である。からだの大きさから比べてみてもらえば、ものすごく巨大なすばらしいウンコだということがわかるだろう。この写真をとることができたとき、その感動をふりはらいつつ、

すぐにこのウンコを回収して顕微鏡で観察したのが次の図12である。この中からは、一一匹分の餌ワムシの残骸が見つかった。

「クマムシがウンコをするところを、わたしも見たい」という方へ。お腹が餌でいっぱいになったクマムシを探すと、なんだかもよおしてきたぞ、というクマムシがそれらしい様子でもじもじしていることがあります。探してみてください。

脱皮

このようにたくさんの餌ワムシを摂取しながら、だんだんとからだが大きくなる。クマムシは昆虫などと同様に脱皮をしながら成長する動物である。孵化してから四、五日ごとに二回の脱皮をして三齢となる。クマムシの多くは三齢から成体となるようで、オニクマムシもそうなのだった。一齢と二齢は子どもで、三齢からが大人である。そして、次の三回目の脱皮は単に脱皮をするだけではなく、産卵も伴うのである。

クマムシの脱皮では体表のクチクラ(外側の固い層)に先立って、まず口から食道までの部分を脱ぎ捨てる。ときどき口の部分を吐き出して歩いている個体を見ることがあるが、それ

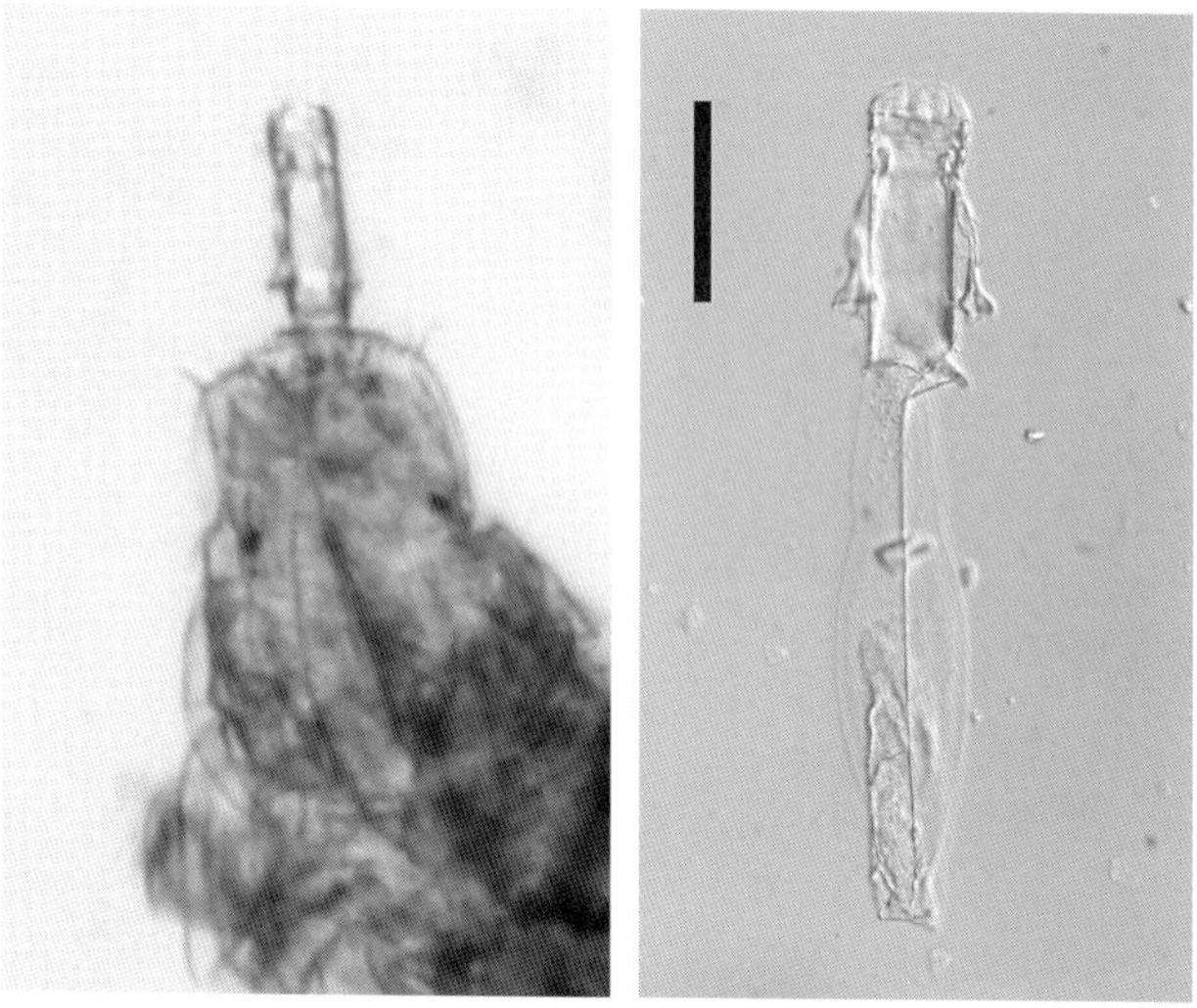

図 13 (左)口管を吐き出すオニクマムシ.
(右)吐き出された口管～食道のクチクラ.
スケール：0.05 mm

が脱皮の徴候の第一段階である(図13)。もう餌はとれないのに、しばらく歩き回っているのは、落ち着き場所を探しているのだと思われる。この時期のクマムシは口の部分が通常とは異なって全く単純に見えるために別の属のクマムシと見なされ、一八八九年に *Doyeria simplex* という種名が付けられたことがあった。それにちなんでこの時期のことを「シンプレクス」と呼んでいる。

脱皮に関連してひとつ付け加えるならば、淡水産クマムシが示す「シスト形成」という現象がある。環境が悪化すると新しいクチクラ

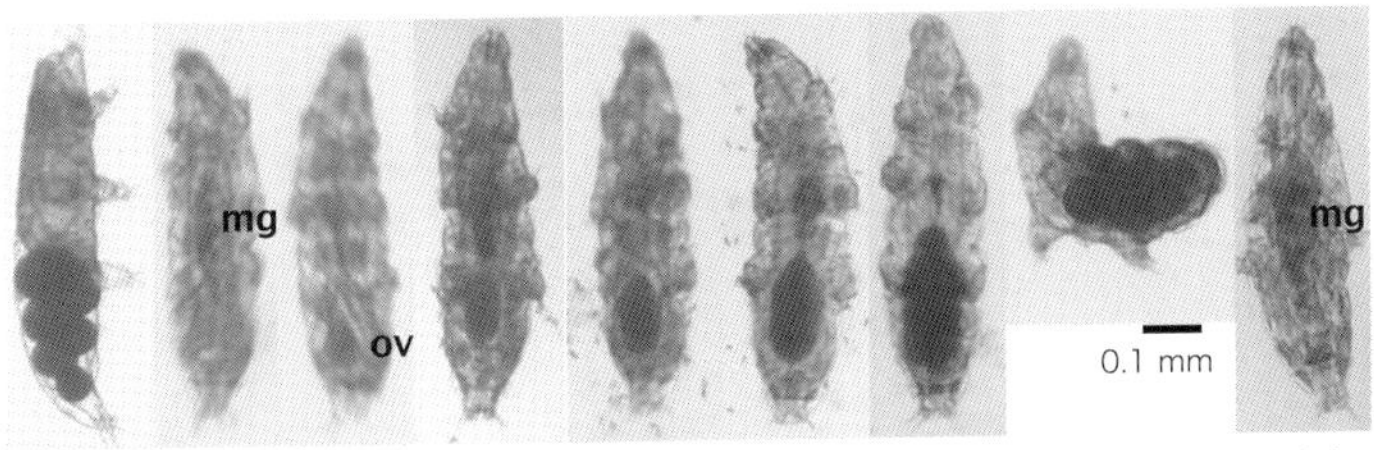

図 14　卵巣発達の一例．数字は産卵日(0)からの日数．からだの中央部に中腸(mg)，後方に卵巣(ov)が見える．この図の第 6 日はシンプレクス．

を次々に形成してその殻の中に閉じこもるというもので、おそらく脱皮そのものの機構とも関わっているはずであるが、まだほとんど研究が進んでいない。

産卵

三齢以降は脱皮過程と卵形成過程が同期して起こる。クマムシのからだは透き通っているので、卵巣の発達は外側から見ることができる(図14)。オニクマムシの産卵は、親が脱皮して殻から出て来る前に行われる。実際に産卵する場面を見ると、卵巣付近が律動的に収縮して、見ているこちらに陣痛が伝わってきそうになる。

ところで産卵現場(図15)を見ることはそれほど簡単ではない。なぜならば、あっという間に終わってしまうからである。この写真の場合、産み始めてから全部が出てくるまで二分弱であった。ちなみにこの写真は、そろそろ産卵するだろうと思った個体を顕微鏡にセットして半

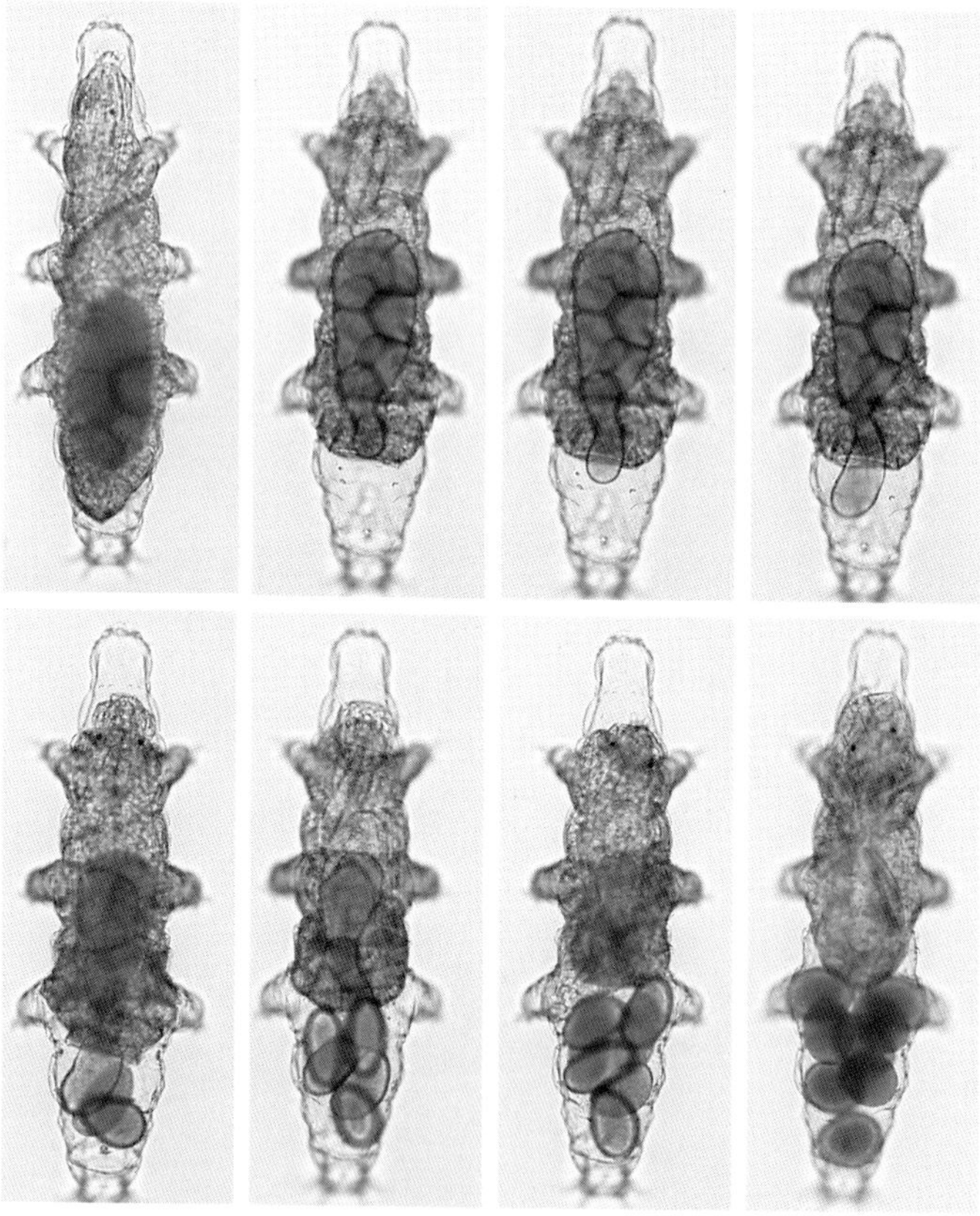

図 15　オニクマムシの産卵

日ねばって撮ったものである。

一度に産卵される卵の数はわたしが見た範囲では一〜一五個(口絵5)、文献に出ている数字の最高は一八個となっている。この数の変動はおそらく母体の栄養状態が反映されているに違いない。忙しくて餌やりが週に一度しかできなかったり、シャーレ内が過密になっていたりすると、その影響はてきめんに産卵数にあらわれる。つまりほとんどの産卵が一個か二個しかないことになる。反対にせっせと世話を続けてやれば六〜八個ぐらいのことが多く、一〇個以上の卵が詰まった抜け殻をたくさん見つけた日には、苦労がむくわれたという実感を得ることができる。

バウマンの論文ではこの数が平均三、四個で、最大でも六個だった。その原因は、系統による違いというよりは栄養条件が最適ではなかったのだと思われる。

母と子

親が実際に古い殻から脱皮して出てくるよりも先に産卵するため、古い殻の中で母親と卵がしばらく同居することになる。口絵5では一個しか卵を生まなかった母親がカメラのほうを向いている。卵はすでに分裂が始まっているのがわかる。

たいてい何時間もこのまま一緒にすごし、翌日あたりに脱皮が完了することが多いが、数

表 2　オニクマムシの産卵と寿命

#	産卵回数	各産卵までの日数	一腹卵数	総卵数	寿命(日)	最終齢
1	−	−	−	−	14*	3
2	0	−	−	0	15	3
3	1	13	5	5	21	4
4	2	14, 22	3, 7	10	33	5
5	2	18, 28	6, 6	12	41	5
6	3	16, 24, 33	6, 8, 7	21	42	6
7	3	15, 25, 40	7, 6, 3	16	43	6
8	3	12, 20, 26	5, 7, 8	20	45	6
9	3	14, 22, 34	5, 8, 4	17	49	6
10	4	16, 24, 31, 43 †	8, 7, 10, 3	28	43	6
11	4	17, 24, 31, 36	7, 10, 10, 11	38	52	7
12	5	16, 23, 30, 36, 46 †	5, 8, 10, 10, 4	37	46	7
13	5	15, 22, 31, 37, 48 †	4, 6, 6, 9, 3	28	48	7
14	5	17, 24, 29, 36, 44	5, 8, 11, 6, 6	36	47	8
15	5	16, 24, 31, 43, 51	7, 9, 6, 4, 8	34	57	8
16	5	15, 26, 33, 39, 46	9, 6, 7, 11, 8	41	58<	8

#　16 匹のデータを産卵回数と寿命の順に並べた.
*　14 日目までに行方不明
†　産卵後に脱皮しないまま死亡

日たっても出て来ず、結局そのまま命を終える母親もいる。

成長の記録と寿命

一般にクマムシは長生きだと思われているが、活動期の長さが直接わかる記録は乏しい。

そこで、三つの卵塊を選び、全部で一六匹のオニクマムシの孵化から死に至るまでを観察した。具体的には実体顕微鏡にデジタルカメラを付けて毎日写真をとり、その画像から体長測定をした(表2と図16)。もっとも成長の速い個体は孵化後一二日で産卵し(表2の8番)、また最大八齢まで至っ

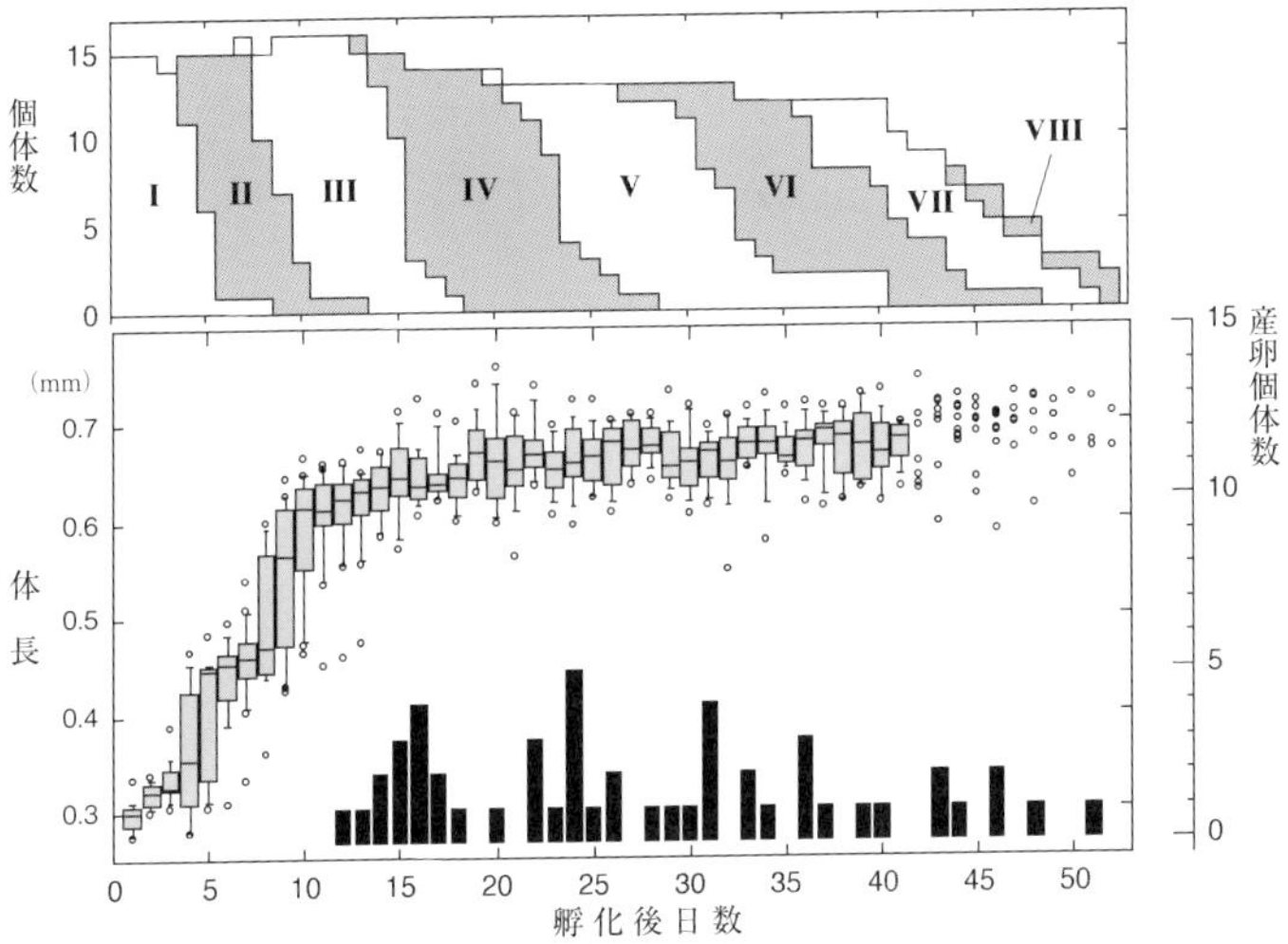

図 16　温度 25℃ におけるオニクマムシの成長記録．(上)齢別個体数の内訳．齢はローマ数字で示した．(下)体長の変化を箱ひげ図で示す．箱中の横線は中央値を示し，箱の範囲に 25-75% の値が含まれる．黒い棒グラフは産卵個体数を表わす．3 齢以降の脱皮は産卵を伴うことがわかる．

た(14～16番)。最長寿だった個体(16番)は五回の産卵で計四一卵を産んだ。この個体は五五、五七日目に容器壁面の水面上で自ら乾燥するかのような行動を示したので、その都度注水して蘇生させたが、五八日目に三たび乾眠してしまったので、ここで観察を終了した。じつは三つの卵塊は少しずつ産卵日がずれていたため、連続観察は二カ月半におよんで、わたしのほうも疲れて休みたい時期だったのだ。それにしても、この長寿個体が晩年に何度もわざと乾くよ

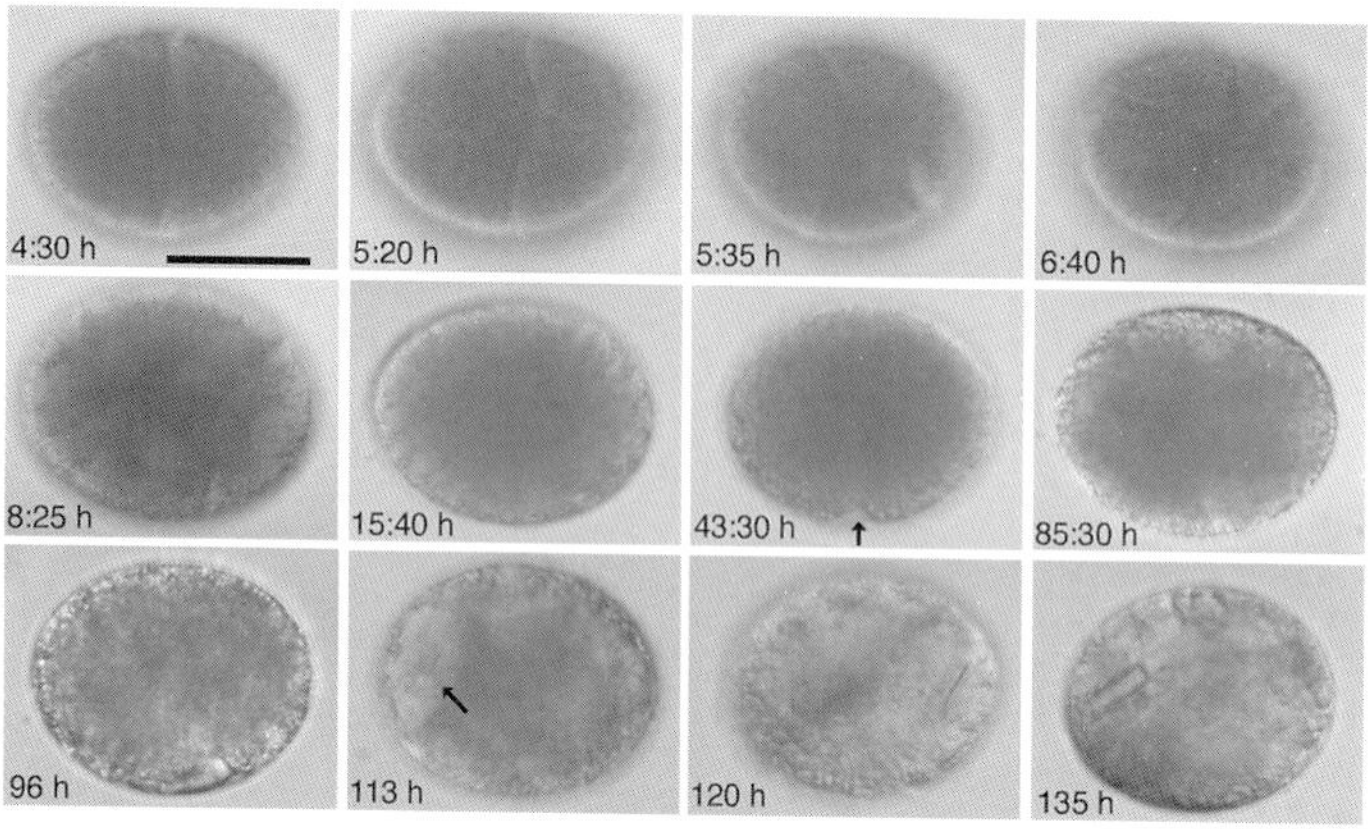

図 17　オニクマムシの胚発生の一例．スケール：0.05 mm

うな行動をしたのは、偶然だったのだろうか。それとも生きるのに飽きてしばらく眠ることにしたのだろうか。こんな考えは穿《うが》ちすぎなのだろうか。

なおその後、詳しい成長記録はないが、二三度で四カ月以上生きた例を確認している。自然状態においては乾眠を繰り返すため、実際の寿命はもっと長いだろう。仮に二五度の恒温条件において五〇日の活動期間があるとして、乾眠が寿命に影響しないならば、週に一日しか活動しないような環境での寿命は約一年となる。低温では、オニクマムシの寿命はさらに長いと考えられる。

胚発生

飼育下の恒温条件にもかかわらず、産卵から孵化までの期間は五〜一六日とばらつきが大きい。胚発生の一例を図17に示す。第一卵割(産卵後四

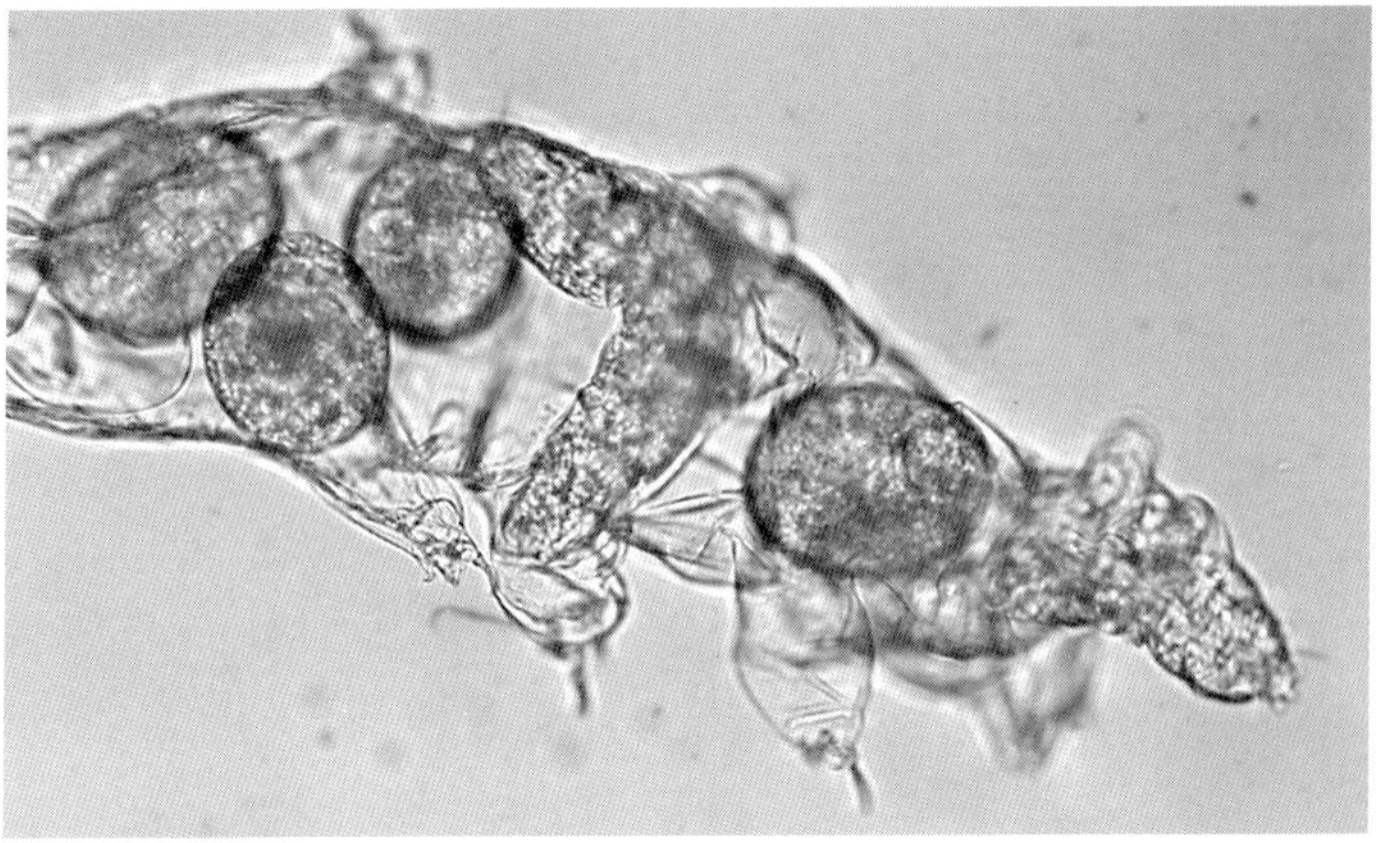

図 18　出口を求める脱皮殻内の幼虫（右端）．脱皮殻内部ではもう 1 匹が出口を探している．

時間三〇分。以降 4:30 h のように書く）は卵の長径に対して垂直な全割で、卵をほぼ二等分する。第二卵割（5:20～5:35 h）は非同調的に起こり、結果的に三細胞期、四細胞期を生じ、それ以降の卵割もやはり非同調的である。

オニクマムシの卵は透明ではないため割球の境界が見えにくいが、桑実胚《そうじつはい》（8:25 h）、胞《ほう》胚《はい》（15:40 h）と発生が進む様子が確認できた。産卵後四一時間頃からは胚の外周部がやや透明さを増して、形態形成の徴候として腹側の溝が認められ（43:30 h）、その後胚はさらに透明になり、胚の回転運動が観察されるようになる（96 h）。この回転の頻度が増す頃には口管が確認でき（113 h）、それがしだいにはっきりしてくる（120 h，135 h）。孵化直前には、口針を動かして卵殻を刺すような運動が観察される。孵化は突然起こり、卵殻が破れると同時に幼虫のからだが大きく伸長する。幼虫は出口を求めてしばらく母親の脱皮殻内を歩き回り、やがて外の世界に出て行く(図18)。

クマムシの発生学

ところで、クマムシの発生に関する研究成果として引用される情報には、マルクス(一九二九年)より新しいものがほとんどないという状態が長らく続いていた。

クマムシの発生においては、中胚葉《ちゅうはいよう》が腸体腔《ちょうたいこう》から生じるとされており、他の動物との類縁関係(系統)を考えるうえで謎とされていた。遺伝子が系統推定に使われるまでは、中胚葉形成に関して裂体腔幹《れったいこうかん》と腸体腔幹の二つに大きく分枝する系統樹が考えられていて、緩歩動物は前者に属するはずだと思われたからである。現在では発生パターンは必ずしも生物の系統を反映するものではないとも考えられているが、クマムシの発生パターンが本当はどうなのか、新しい手法による解明が待たれていた。

二〇〇五年になってヘイノルとシュナーベルによって新たな情報が加えられた。彼らは透明な卵を持つクマムシの発生を、四次元顕微鏡という手法によって観察した。これはある時間における胚の三次元画像を記録し、その時間を追った変動をコンピュータによって解析するもので、クマムシの細胞系譜がはじめて明らかとなったのである。その結果、中胚葉は腸体腔からではなく側方の中胚葉帯から生じると判明した。またクマムシ胚では、それぞれの細胞の発生運命はかなり自由になっているらしい。エエカゲンというと語弊があるが、われわれ脊椎動物の発生と同様な自由度を持っているようだ。これは厳格な運命が決まっているモデル生物の線虫C・エレガンスとは対照的である。

クマムシの性

さて、わたしはクマムシを見始めるまでは昆虫の精子形成の研究をしていたから、研究対象をクマムシに替えてからも、機会があれば精子形成を見たいものだと思っていた。ところが、すでにおわかりのように、わたしの飼っているオニクマムシは全員が産卵した。つまりメスばかりで単為生殖をしていたのである。

クマムシは基本的に両性生殖することになっているが、コケに棲むものではメスばかりで単為生殖するものがかなり多いと考えられている。しかし、両性生殖を続けているものも少なくない。またそれらに比べて数は少ないが、雌雄同体の種もいくつか知られている。

両性生殖の意義については、通常は遺伝子交換によって多様性が増すから、などといわれることがあるが、本当のところはまだよくわかっていないのである。オスがまったく見つかっていない動物としてはヒルガタワムシ類などが有名で、単為生殖でずっと繁栄している例

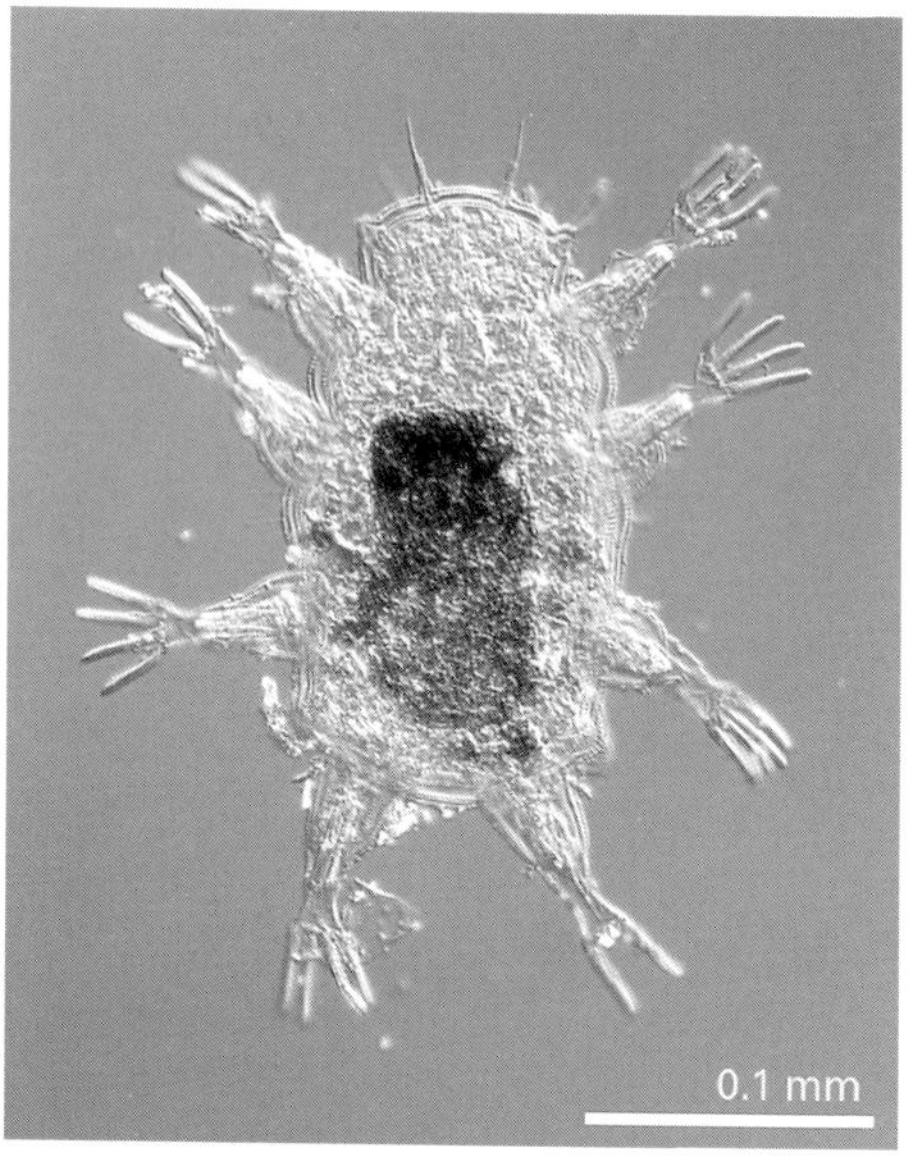

図 19 *Orzeliscus* 属のクマムシ(日本産)
(写真提供：R. M. Kristensen 教授)

は決して珍しくない。

海のクマムシではオスとメスが存在する基本的な両性生殖のものがほとんどで、単為生殖についての報告はない。ただ一種のみ、雌雄同体と考えられる種が知られている。これは最初、マルクス(先出)の夫人エブリンが一九五二年に新属・新種記載した*Orzeliscus belopus*で、その後世界各地の海から見つかったがオスについての報告がない。後にクリステンセンによって体内に精子を持つ個体が見つかり、この種は雌雄同体だと考えられるようになった。その詳しい生殖器の構造については現在も研究が進行中である。図19は日本の近海から採集された*Orzeliscus*であるが、他の海から見つかったものとはやや異なった形をしており、ひょっとしたら将来別種とされる可能性もある。

ところで……ついさきほど「メスばかり」と書いたのだが、じつは日吉のオニクマムシを観察していると、ごく稀に妙な違和感を覚える個体が見つかることがある。よく見てみると、なんとオスなのだった(図20)。オニクマムシのオスは第二次性徴として第一肢の爪が顕著に大きく外見的にはっきりと区別できる。

それにしても、この集団のメスたちにとってオスは不要なのである。もし両性生殖をするとしても、遺伝子構成の違った集団出身のオスとでなければ意味がない。このオスは悲劇のヒーローだ。他の集団内ではオスとして行動できるのだろうか。とにかく、オスの出てくるしくみも、その意義も今のところまったくわからない。もしかしたらこのヒーローは、両性生殖がなぜ進化したのか、という大きなテーマの中で今後活躍することになるのかもしれない。

残る謎の数々

オスの出現も謎であるが、その他にもまだわからないことだらけだ。「クマムシはいったいどのぐらい長生きなんですか？」という質問にもまだきちんと答えられない。先述の16番のクマムシは乾燥したままそこで観察を中断してしまったが、水を与えて活動を復活させればまだまだ生き続けるのかもしれない。イタリアのモデナ大学のグループで飼育している別

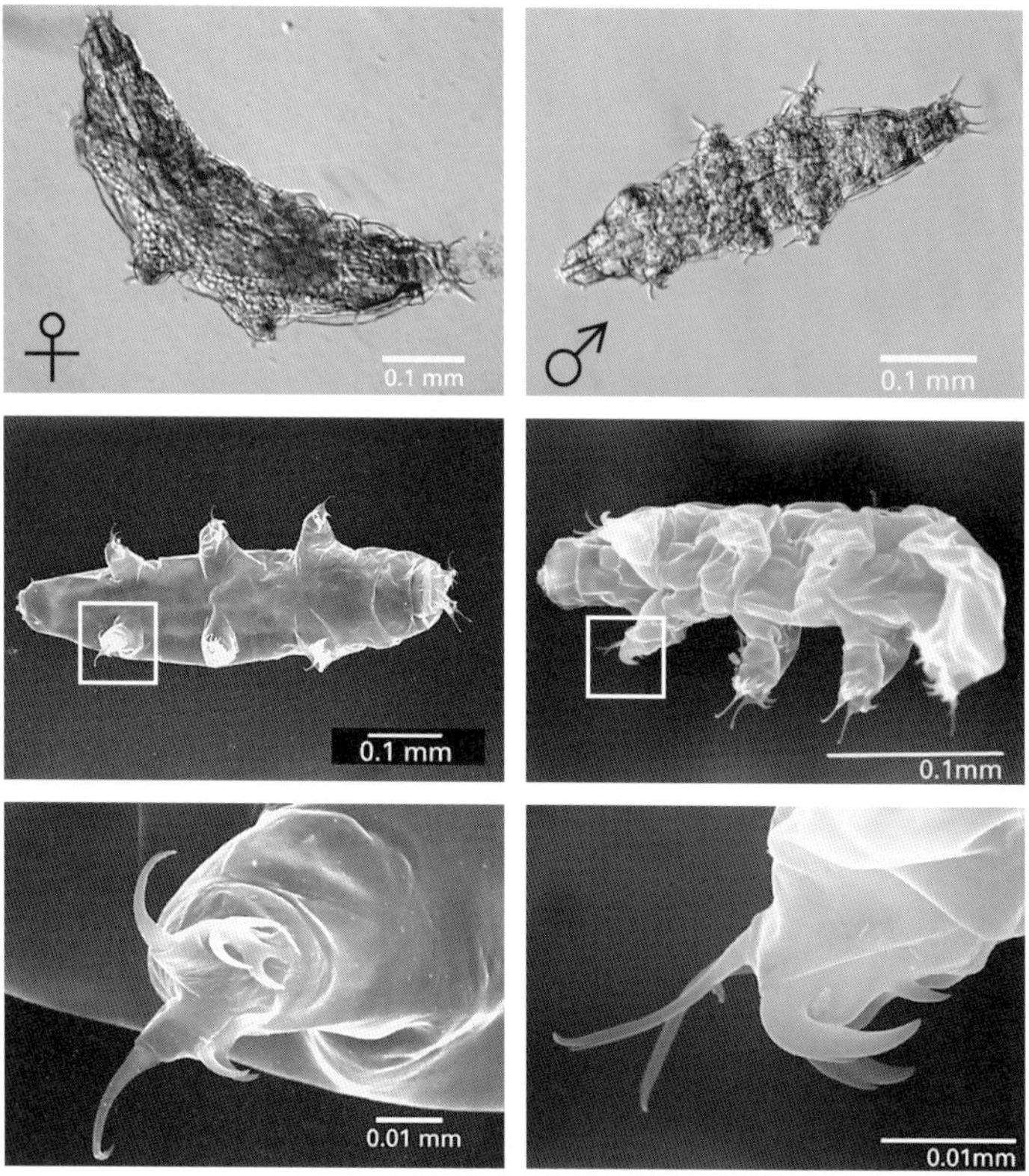

図 20　オス(右)が出現！ オスの第 1 肢の爪の根元は，巨大なカギ状となる．

種のクマムシには大多数の個体が死んだ後にもしぶとく生き残る少数のものがいて、その最長記録は活動状態で五〇〇日を超えるという。オニクマムシでもそのような個体がいるのかもしれない。「どうして観察を途中でやめちゃったの?」とそのグループの研究者から聞かれて「いやー、ちょっと疲れちゃったから」という情けない答えになってしまったが、遺伝的には同一でも、ちょっとした条件の違いで大きな個体差が出るのかもしれない。

個体差といえば、胚発生の期間にもずいぶん大きなばらつきがある。時期をばらつかせているのは何なのだろうか。自然状態ではおそらく胚発生の時期にも何度も乾燥を経験するはずだから、それと何らかの関係がある可能性がある。つまり乾燥することはコケに棲むクマムシにとって忌避すべきことではなく、むしろ彼女らの生育にとって重要な要素になっているのかもしれない。モデナ大学の研究者も卵の乾燥と胚発生の関係に注目した論文を発表しているが、まだすっきりと解決するまでには至っていない。

謎はいろいろ残っているが、オニクマムシの生活史について、ともかくひととおりを観ることができた。わたしのクマムシ研究の第一歩となったこの観察は二〇〇一年秋の日本動物学会大会（福岡）で発表した。そのポスターの中には、もちろん『オニクマムシの採集と飼育』という見出しも使い、少年の頃からの夢がかなってとても嬉しい思い出になった。

COFFEE BREAK

オニクマムシの学名

オニクマムシは一八四〇年九月四日、パリの科学アカデミーでドワイエールによって発表された論文『クマムシについて』の中で初めて紹介され、自然科学年報に掲載された。学名は *Milnesium tardigradum* ミルネシウム・タルディグラードゥムという。属名 *Milnesium* の由来となったミルヌ＝エドワール（図21）は、甲殻類など無脊椎動物学のリーダー格で年報の編集者でもあり、この翌年からはフランス国立自然史博物館の無脊椎動物部門の教授となった。種小名の *tardigradum* は「緩やかに歩く」という意味だということはすでにおわかりだろう。

しかし、実際にはオニクマムシが歩くスピードはクマムシの中ではずば抜けて速い。バウマンの論文もこれに触れてあり、その速度は秒速〇・一ミリだと述べている。あくまでもクマムシの中では速い、という話なので、ゾウリムシの泳ぐスピードのほうがよほど速いのだが……。

フランス国立自然史博物館はフランス革命後一七九三年に、それまでの王立植物園内に設立され、ラマルクやキュビエ、ジョフロワ＝サンチレールといったそうそうたるメンバーを擁して、比較解剖学、動物分類学、古生物学などの中心となった。古生物学および比較解剖学の陳列館では、今でも圧倒的なコレクションの数々が静かに来訪者を待っている。

図 21　属名 *Milnesium* の由来となったミルヌ=エドワール．古生物学および比較解剖学の陳列館脇に彫像が立っている．彼の隣にはジョフロワ=サンチレールやキュビエも並んでいる．

図 **9, 11, 12, 13, 15, 16, 17, 18** (Suzuki, A. C., Life history of *Milnesium tardigradum* Doyère (Tardigrada) under a rearing environment, Zoological Science 20: 49-57, 2003 より)
図 **14** (Suzuki, A. C., Ovarian structure in *Milnesium tardigradum* (Tardigrada, Milnesiidae) during early vitellogenesis, Hydrobiologia 558: 61-66, 2006 より)

クマムシ伝説の歴史

「クマムシって何だろう?」と思ってインターネットで検索すると、意外にもたくさんのサイトが出て来ることに驚かれた人もいるのではないだろうか。(「くまむし」で検索すると、毒蝮《どくまむし》三太夫《さんだゆう》さんが出てきて呆然としたりすることもあるのだが……。)しばらく前までは、生物学に関わる人でさえその名を知らない人もいたぐらいだったが、それでも知る人ぞ知るという生物なので、興味を持っている人は結構いたのである。なにしろ変わっているから当然である。

ただし「はじめに」でも触れたように、巷にでまわっている情報には、うさんくさい感じのするものが少なくない。なにをしても死なないとか、最強の生き物だとか、一〇〇年以上も生きるとか、いったいなにを根拠にそういう情報がでまわっているのだろうか。

ここからは伝説を整理して、クマムシが実際にすごいのかどうかについて考えたいと思う。

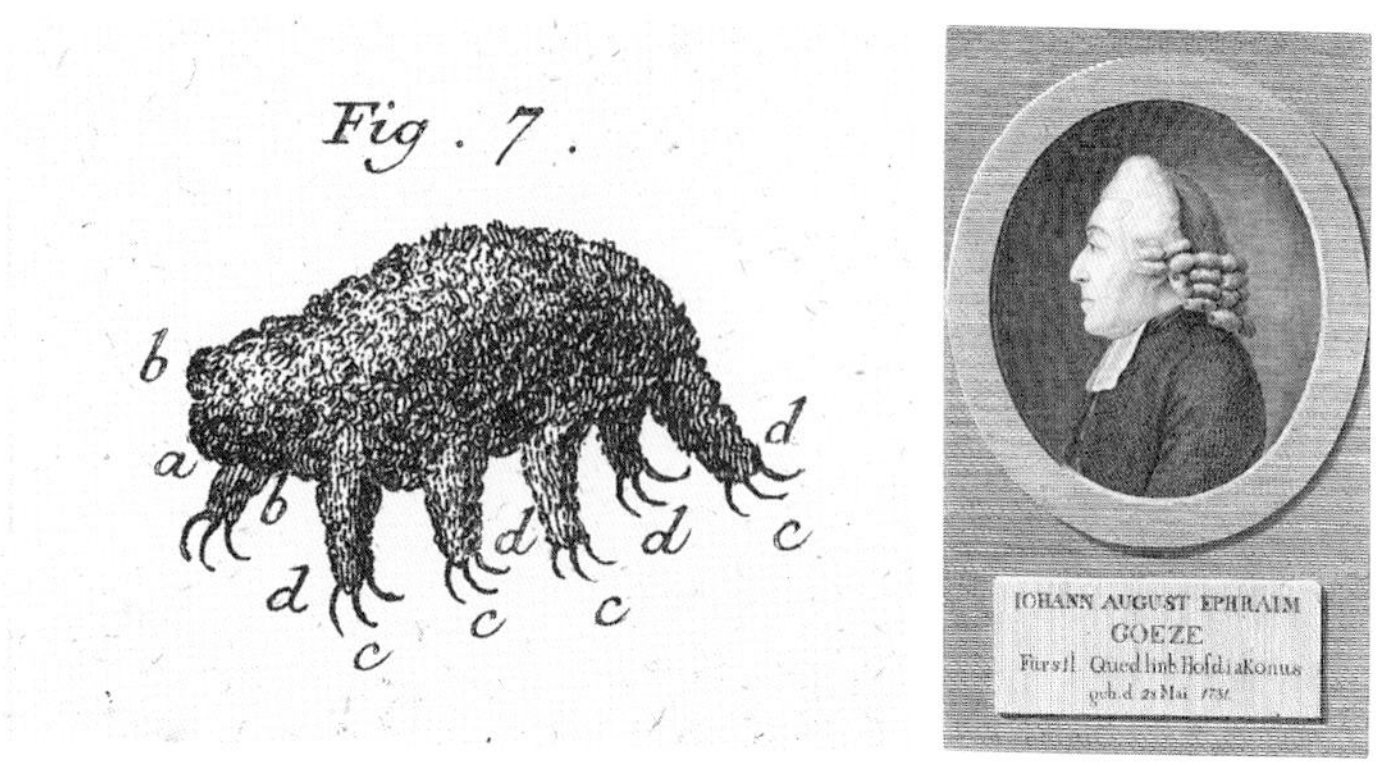

図22　ゲーツェ(右)と彼のクマムシ(左)
(クマムシ図はGoeze, J. A. E., Herrn Karl Bonnets Abhandlungen aus der Insektologie, Über den kleinen Wasserbär, J. J. Gebauers Wittwe und Joh. Jac. Gebauer, Halle, 1773より．ゲーツェの肖像は筆者所蔵の銅版画)

そのために、まずはクマムシがわたしたちにどのように紹介されてきたのか、その歴史をかいつまんで見てみることにしよう。

そもそもクマムシの特別な能力は一八世紀から知られてきた。

研究の幕開け

一七七三年、ドイツのクヴェトリンブルクの聖ブラズィ教会にいたゲーツェは、アリマキの単為生殖を発見したスイスのボネの著作『昆虫学』を翻訳し、自分自身による観察結果も合わせて出版した。この本の中でクマムシが初めて記載された(図22)。彼はこの動物をKleiner Wasserbär(小さな水熊)と呼び、またその解説の中でBärthierchen(現在の表記法では

Bärtierchen、つまりクマムシ)とも呼んだ。

ダンツィヒ(現ポーランドのグダニスク)の聖カタリナ教会にいたアイヒホルンは、一七七五年に出版した著書の中で「一七六七年六月一〇日に Wasser-Bär を見た」と主張しているのだが、これはじゃんけんの「後出し」みたいに思える。しかも彼のクマムシは肢が五対もある(図23)。

ゲーツェによる記載の翌年つまり一七七四年、イタリアのコルティが屋根の樋《とい》にたまった乾いた砂に水をかけて顕微鏡でのぞき、ワムシの他に brucolino(小さな芋虫)が蘇生したのを見つけた。彼が見た生物はあきらかにクマムシだと考えられる。また彼はこれらの生物が

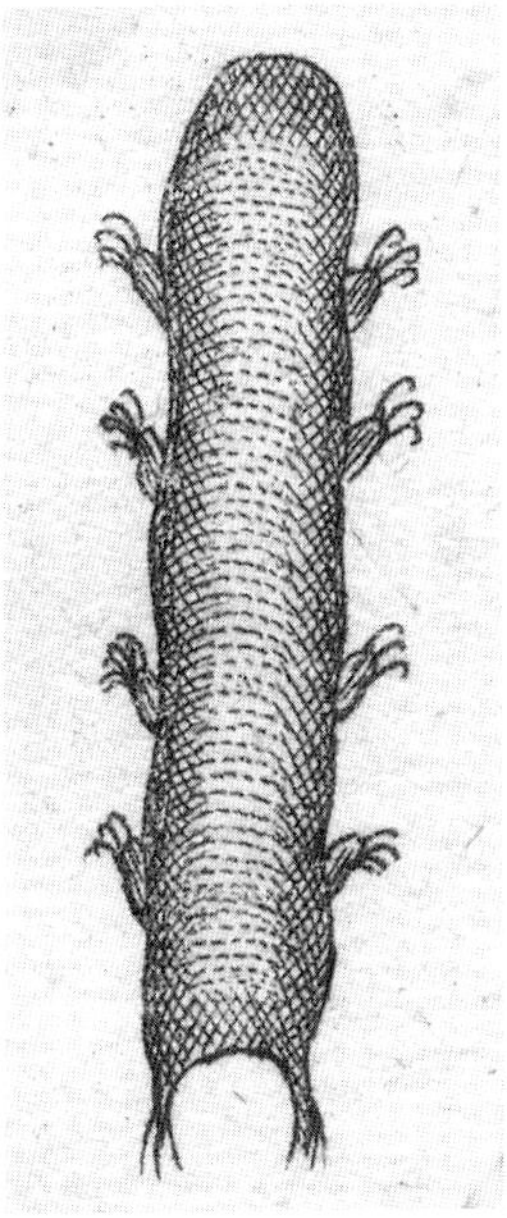

図 23　アイヒホルンのクマムシ
(Eichhorn, J. C., Beyträge zur Natur-Geschichte der kleinsten Wasser-Thiere, Johann Emanuel Friedrich Müller, Danzig, 1775 より)

蘇生する条件として、ゆっくり乾燥することが必要だという重要な指摘をしている。ちなみに内耳のコルティ器官に名前を残しているのはまったく別人で、次の世紀の人である。

死と復活

乾燥した動物が水を得て蘇生する現象そのものが最初に発表されたのは、一七〇一年のことで、顕微鏡の開発で有名なオランダのレーウェンフックによる。彼はやはり乾いた屋根の樋からワムシを見つけた。その後、一七四二年にイギリスのニーダムが線虫で同様の観察をした。

クマムシが「乾燥」という極限状態に適応する動物として改めて発表されたのは一七七六年のことである。これはスパランツァーニによる発見で、彼はワムシに比べてノロマなカメのようなこの動物をタルディグラード(のろま)と呼び、それが現在の門の名前のもとになった。彼はワムシと線虫とクマムシは、どれも乾燥するといったんは「死」に至るが、その後また「復活」することができると述べた。

昔の人はこのように、乾燥したクマムシは「死んでいる」と思っていた。実際のところ現代の目で見ても、乾燥したクマムシが生きているとはとても信じられない。死と復活。コルティとスパランツァーニはやはり聖職者であったが、この現象になにか聖なる意味を感じただろうか。そうでなくても、この現象は不思議な印象をわたしたちにもたらす。

スパランツァーニはさらに、乾燥状態(つまり「死んでいる」状態)ではこれらの動物が七〇度の高温にも耐えて復活することを認め、乾燥状態の動物が、乾燥以外の極限状態に対しても抵抗性を持つことを認識した最初の人となった。またコルティと同じく、これらの生物も急激に乾燥した場合には「復活」できず、それを可能とするためにはゆっくり乾燥する必要があることを認識していた。

このように、クマムシは発見された当初から特殊な能力とともに語られる存在だったのである。ただし、この時代はまだ生物の自然発生が完全に否定される前だった。そのため、乾燥した物質から新たに自然発生した動物を見ているのだ、という否定的な見方もあった。逆にいえば、この現象が自然発生説の根拠として利用されることもあったのである。自然発生説を否定するスパランツァーニと自然発生論者ニーダムの論争は科学史では有名であるが、それと密接に関連してクマムシの能力が研究されたことは意外に知られていない。この論争に決着がつくには、約一〇〇年後の近代細菌学の開祖パスツールによる実験を待たねばならなかった。これについては彼の著書『自然発生説の検討』(岩波文庫)に詳しい。

『自然の体系』の一員となったクマムシ

一七八五年、デンマーク人のO・F・ミュラーによって記載されたクマムシは*Acarus ursellus*と呼ばれた。これが二名法で命名された最初のクマムシである(口絵2)。二名法とは、ラテン語を用いて属名と種小名の組み合わせで種の学名とする命名法で、スウェーデンの博物学者リンネによって確立された。分類学の中で初めて位置づけられたクマムシはダニの仲間とされ、これは一七九〇年の『自然の体系・第十三版』に収録された。(生物分類を体系化したリンネの著作『自然の体系』は一七三五年初版。一七五八年の第十版は現行の国際動物命名規約の出発点とされている。)

薄く彩色されたミュラーの図版には、クチクラの中で産卵したクマムシや、小さな赤ちゃんクマムシも描かれている。残念ながらミュラーのクマムシがどのクマムシに相当するのかは特定できず、後述するデュジャルダンのクマムシと同じ種だった可能性を指摘されたこともあるが、現在では有効な学名としては扱われていない。

一九世紀のクマムシ

次の世紀に入ると、クマムシの新種がどんどん発見されるようになる。

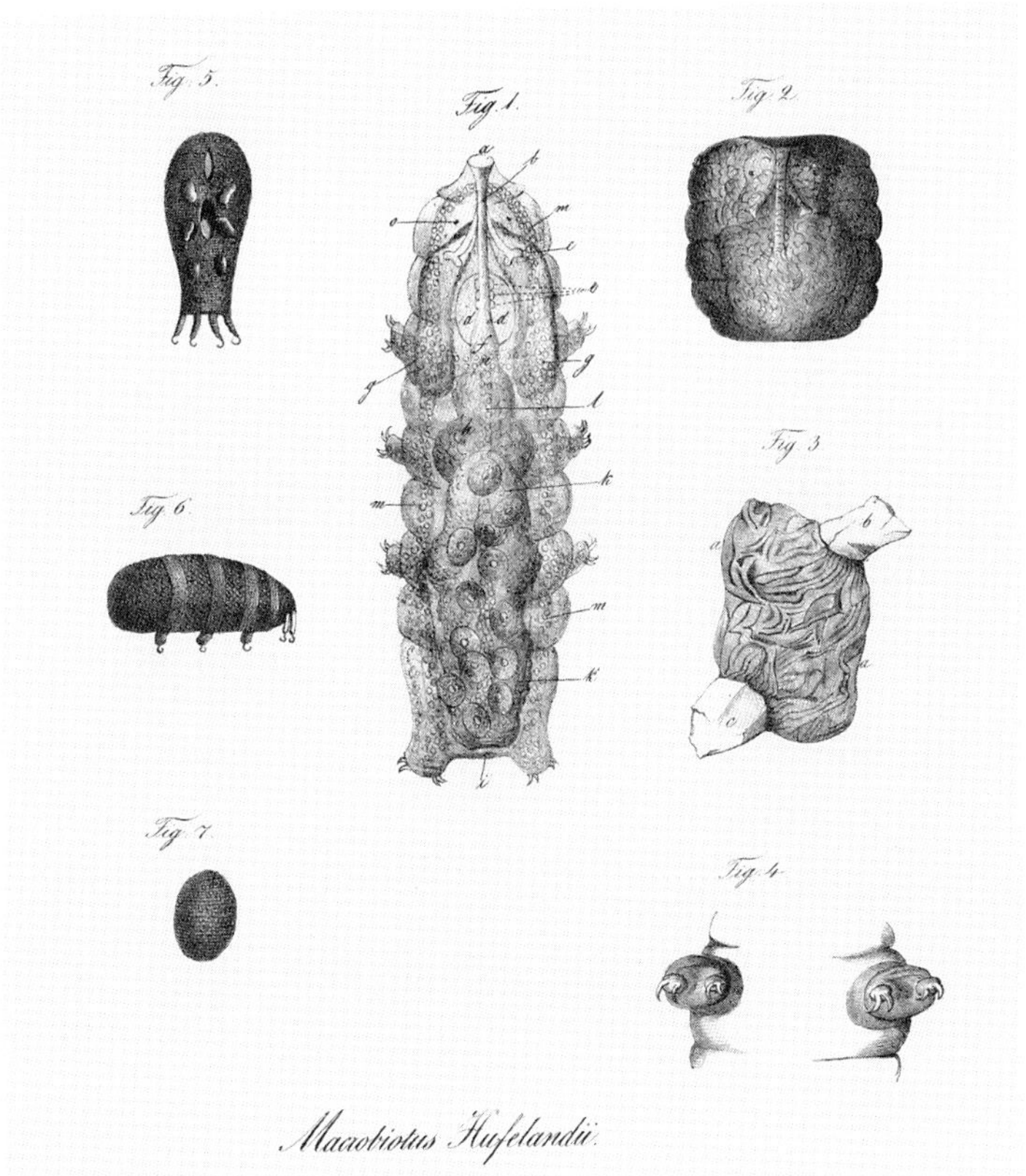

図 24 C. A. S. シュルツェ(1834)によって発表された *Macrobiotus hufelandi*. 左側の Fig. 5-7 はスパランツァーニの図の引用.
(Schultze, C. A. E., Macrobiotus hufelandii. Animal e crustaceorum classe novum, reviviscendi post diuturnam asphyxiam et ariditatem potens, Apud Carolum Curths, Berlin, 1834 より)

現在でも通用する学名を持つ最初のクマムシは、一八三四年にC・A・S・シュルツェによって発表された*Macrobiotus hufelandi*である(図24)。彼はこのクマムシを甲殻類の等脚目(ダンゴムシやフナムシの仲間)に分類した。この図版には樽型になった乾燥状態の図も含まれており、また、スパランツァーニの図も引用されているので比較するとおもしろい。スパランツァーニは生理学者としては卓越していたが、形態の記載についてはあまり熱心でなかったようだ。シュルツェはこれをラテン語論文として出版したが、彼の論文が引用された同じ年のドイツ語の雑誌には、その報告に続いて、ワムシなどの研究で名高いエーレンベルクによって、クマムシが乾燥した状態から蘇生するというシュルツェの報告に対する反論が述べられている。

シュルツェの命名したクマムシの種小名はC・W・フーフェラントにちなんでいる。彼はワイマール宮廷のおかかえ医師であり一七九六年に出版された『Makrobiotic(長寿学)』の著者として知られている。マクロビオトゥスという属名も彼の著書にちなんでいることがおわかりだろう。この仲間は和名ではチョウメイムシと呼ばれ、この種はナガチョウメイムシと名付けられている。(このように種の和名は学名の由来と無関係な場合があり、和名で呼ぶことに意味があるかどうか、わたしにはわからない。オニクマムシも同様なのだが……。)

一八三八年にはフランスのデュジャルダンが自然科学年報にクマムシについて発表してい

る。この報告では単に tardigrades と呼ばれ命名はされていないが、美しい図版が付けられており、横向きの姿の図と、正面を向いてVサインをするクマムシの絵が魅力的である(図25)。

その少し後の一八四〇年、フランスのドワイエールは『クマムシについて』と題する長大な論文を発表し、その中で他の種とともにオニクマムシが初めて記載された。またシュルツェのクマムシも再記載され、美しい図が描かれている(図3上)。デュジャルダンのクマムシにも *Macrobiotus Dujardin* という名前が付けられた(現在の *Hypsibius dujardini*)。この論文には現在でも通用する観察結果が詳細に記されている。ドワイエールの図版をご覧いただけば、彼の観察眼がいかに細やかだったかがわかるだろう(図26)。彼はさらに二つの続編を発表し、三番目の論文では乾燥したクマムシの耐久性について、摂氏一二〇度に数分置いた後でも水に浸せば蘇生すると述べている。これら三つの論文は一冊にまとめて彼の学位論文(一八四二年)として出版された。口絵3のオニクマムシの彩色図版はその本に載ったものである。

海のクマムシ

一八五一年にはデュジャルダンにより初めて、海にもクマムシがいることが発表された。

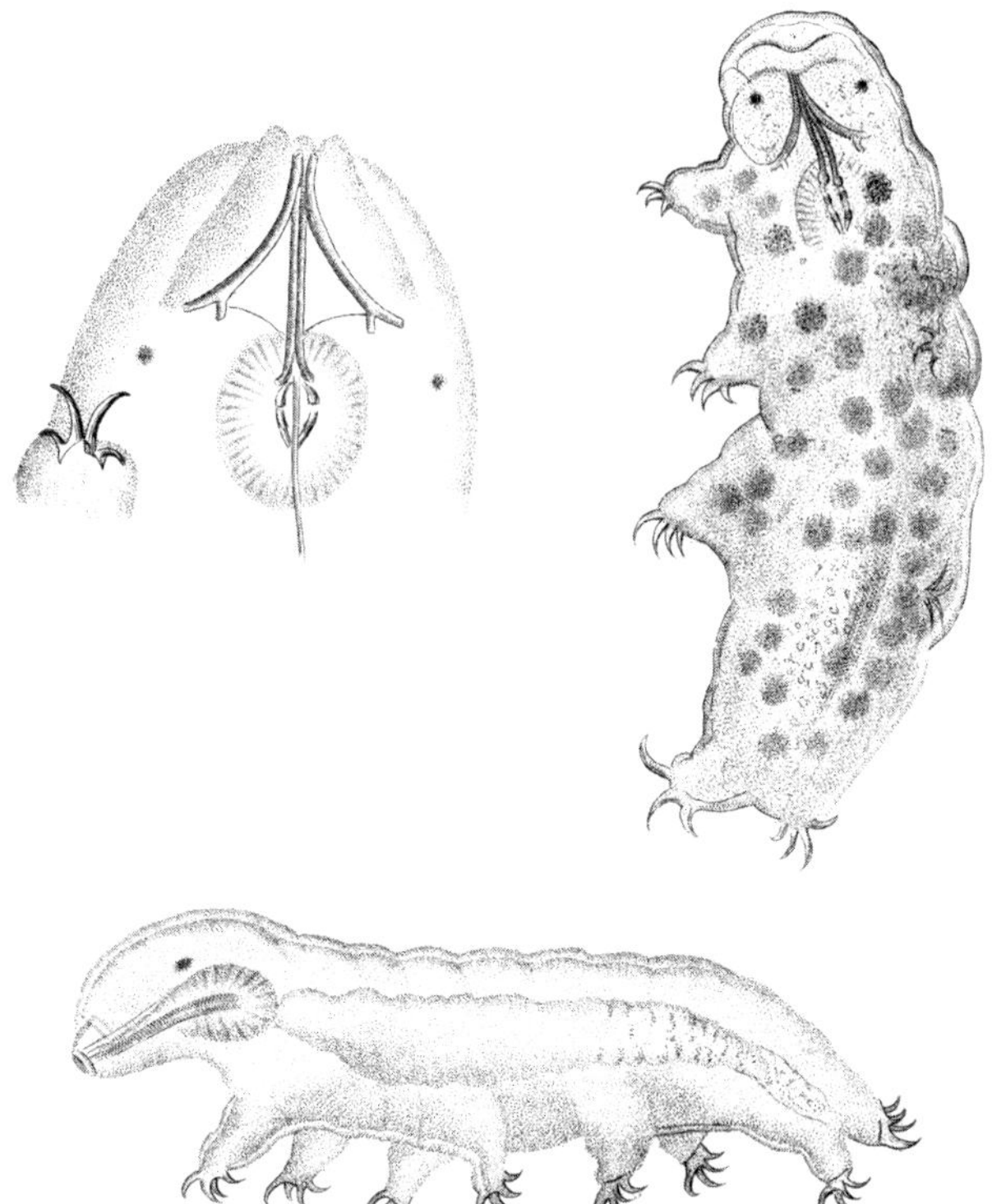

図 25　デュジャルダンのクマムシ

(Dujardin, R., Mémoire sur un ver parasite etc., sur le Tardigrade etc., Ann. Sci. Nat., sér. 2, 10: 175-191, 1838 より)

彼は二名法による命名をせず、単に *Lydella* と呼んだ。これは後にリヒテルスによって発見された *Halechiniscus guiteli* という種の幼体だったのかもしれないと考えられた(図27)。

海のクマムシとして二名法によって命名された最初のものは、一八六五年にM・シュルツェによって発表された *Echiniscus sigismundi*(イソトゲクマムシ、後に *Echiniscoides* 属へ移された)である(図28)。このクマムシは、アオノリなどの海藻《かいそう》の中に見つかると書かれる

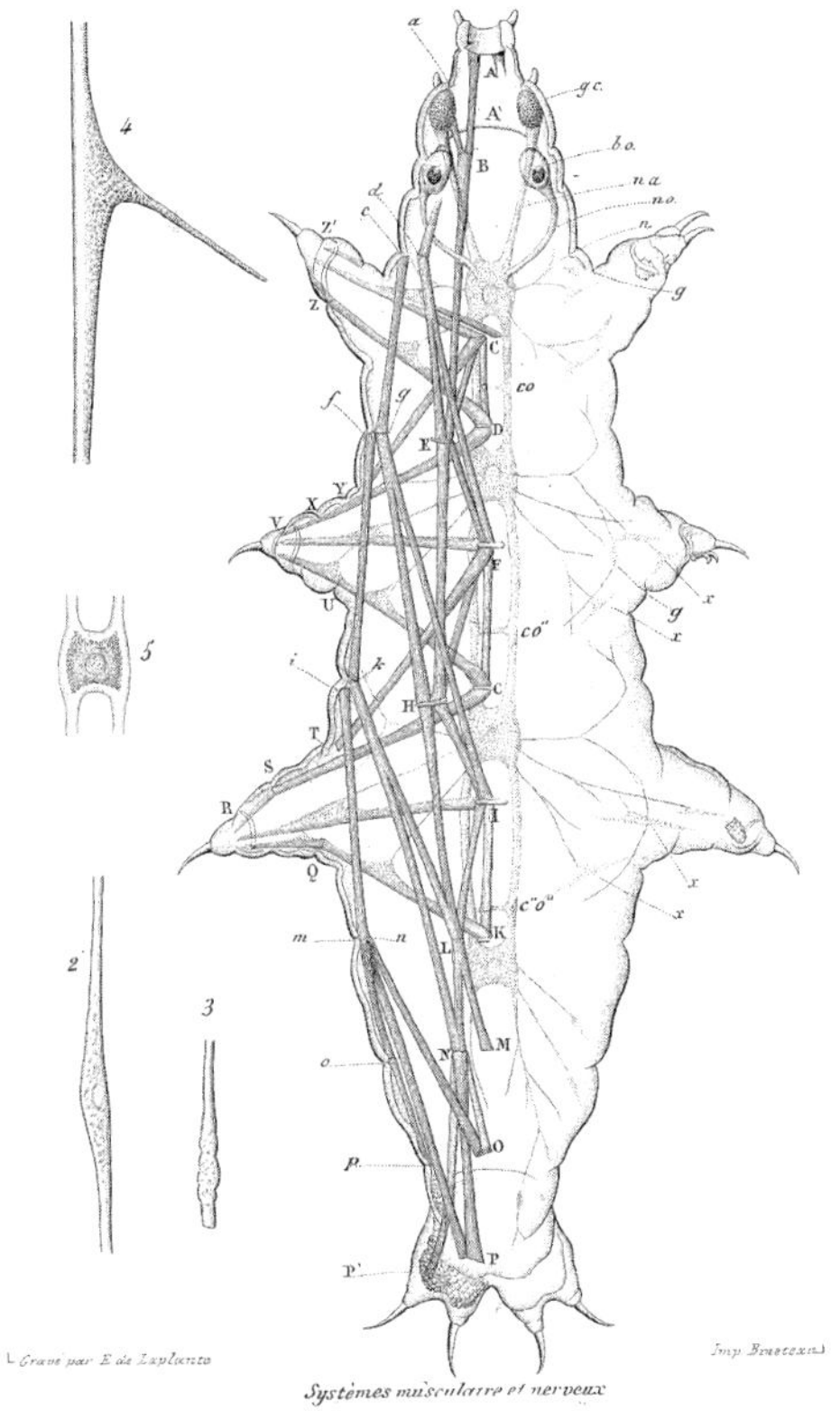

図 26 ドワイエールのオニクマムシ——筋肉と神経系

(Doyère, L., Mémoire sur les tardigrades, Ann. Sci. Nat., sér. 2, 14: 269-361, 1840 より)

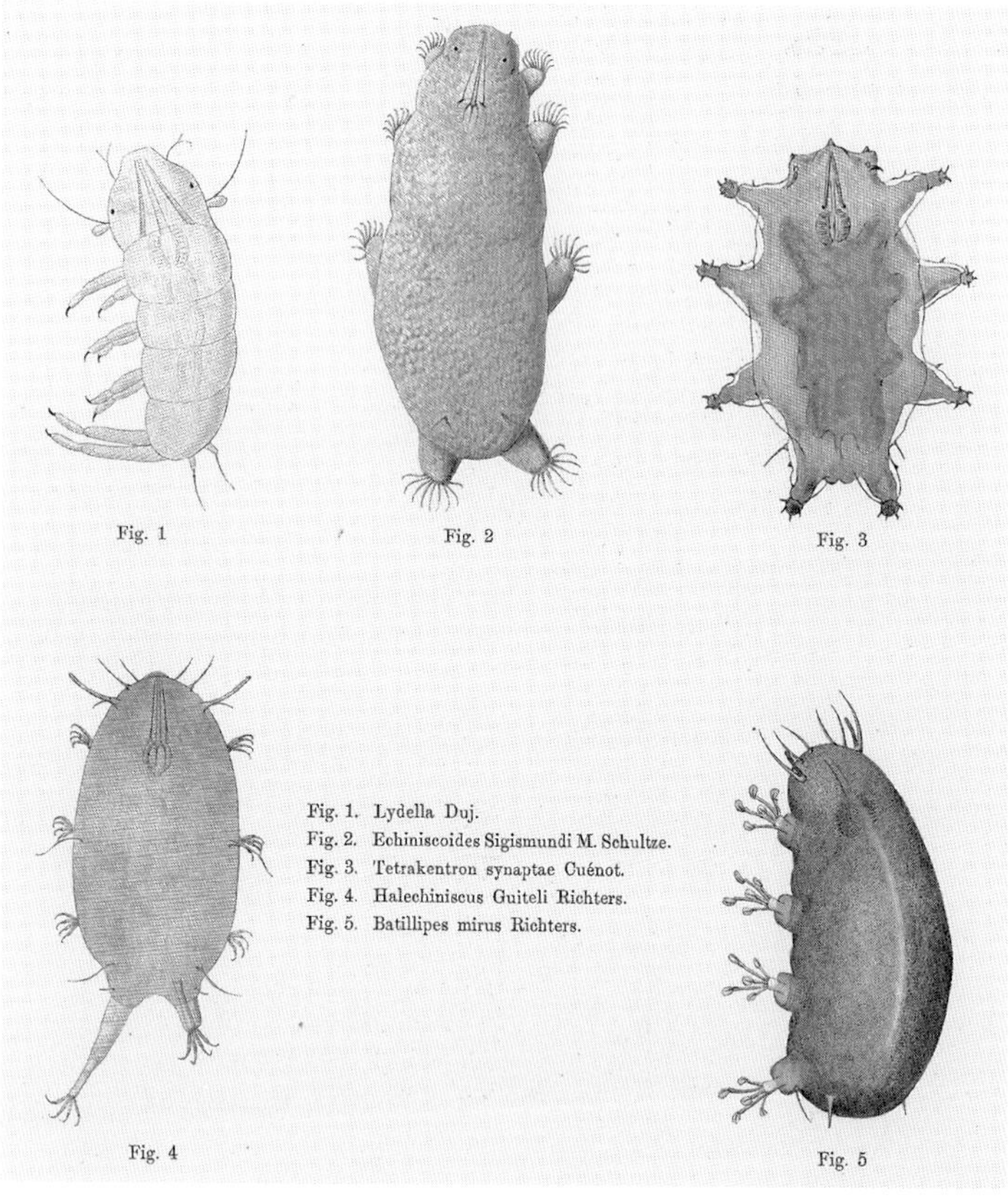

図 27　リヒテルスの『海のクマムシ』より
1. デュジャルダンの *Lydella*； 2. イソトゲクマムシ *Echiniscoides sigismundi*； 3. 寄生クマムシ *Tetrakentron synaptae*； 4. *Halechiniscus guiteli*； 5. *Batillipes mirus*
(Richters, F., Marine Tardigraden, Verh. Deutsch. Zool. Ges., 19: 84-94, 1909 より)

こともあるが、実際のおもな住処《すみか》はフジツボだと考えられている。クリステンセンとハラス(一九八〇年)によれば、ひとつのフジツボに五七三匹ものクマムシが見つかったこともある。ところがその岩のアオノリ全部を集めてクマムシを抽出したら、わずか一〇匹が得られたのみだった。つまりアオノリにイソトゲクマムシが分布するのは、フジツボからこぼれ落ちた個体と考えるべきらしい。この種はよくフジツボの殻のすき間から見つかり、おもに殻に付着した緑藻類を餌にしていると考えられる。ただし、デンマークではフジツボへの共生がよく見られるが、地中海や黒海ではかならずしもそうではないらしい。クマムシの生態にはまだわかっていないことが多いのだ。

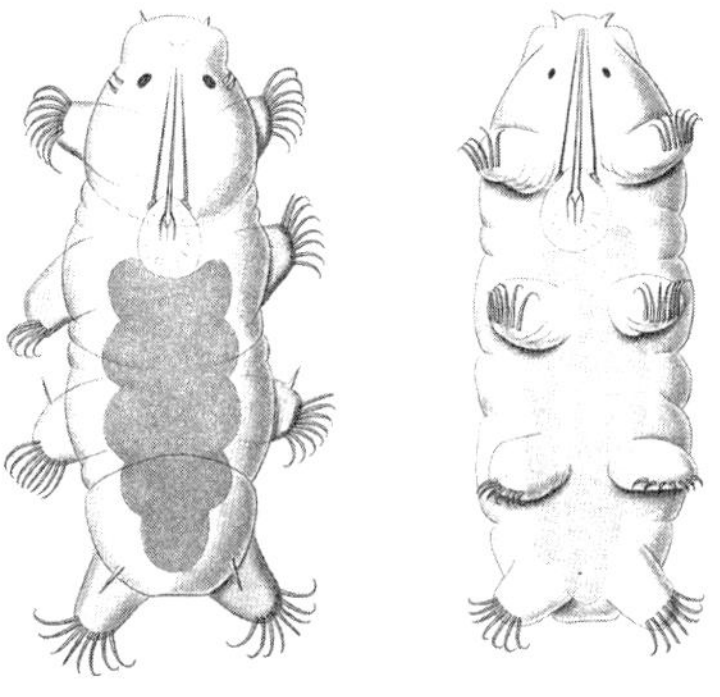

図 28 M. シュルツェのイソトゲクマムシ *Echiniscus sigismundi*(現在の *Echiniscoides sigismundi*)(Schultze, M., Echiniscus sigismundi, ein Arctiscoide der Nordsee, Arch. Mikrosk. Anat., 1: 1-9, 1865 より)

さらにフジツボの内部からは、イソトゲクマムシとよく似ているがフジツボのからだに付着する別の種 *Echiniscoides hoepneri* も見つかっている。この種はフジツボのからだを食べており、明らかな寄生クマムシとしては二番目のものと判明した。最初に見つかった寄生クマムシは、*Tetrakentron synaptae* で、イカリナマコ

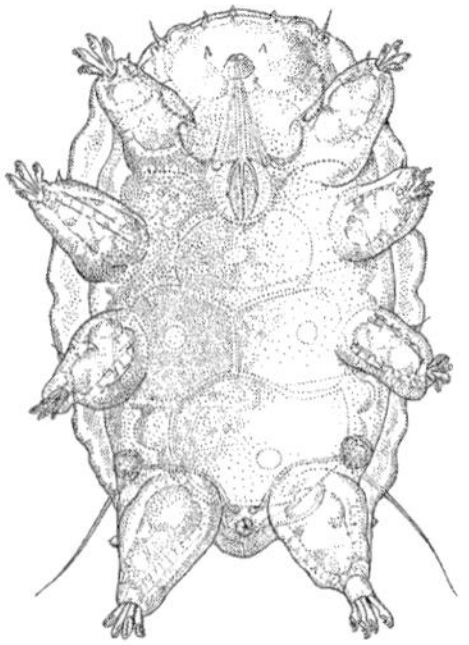

図 29　イカリナマコの触手に寄生するクマムシ *Tetrakentron synaptae*
(図の提供：R. M. Kristensen 教授)

の仲間の触手に寄生してその細胞を食べるといわれている(図29)。

ところで、海にクマムシがいるということは普段あまり話題にされていない。おそらくその原因は、クマムシの話題がつねに乾燥耐性に関する驚きと一緒になっているからだろう。ほとんどの海のクマムシは、乾燥すれば死ぬ。フジツボの殻のすき間に棲んでいるイソトゲクマムシには乾燥耐性があるが、フジツボ内部の別種は乾けば死ぬ。もともとこの能力は、陸上の限られた空間に進出することを可能とするように発達した能力だろうから、海に棲んでいる連中には必要がないのである。しかし、他のすべての生物と同様に、海こそクマムシの生まれた故郷であり、今もそこに棲む仲間がたくさんいるのである。

海のクマムシは陸に上がった仲間に比べて形態の多様性が高い。なかには図30に示したクマムシのように、なんともおしゃれなかざりを身にまとっているものもいる。顕微鏡下の観察からこれらの構造には、浮き袋の役目あるいは周囲のものにからまりつく役目が推定されているが、実際に海底でどうしているのかはもちろん確認されていない。海の生物はまだまだ謎だらけで、深海では大型の魚類でさえ新種が見つかるし、それらの生態もよくわかっていない。深海クマムシの生態を人類が目のあたりにできる日は、はたして来るのだろうか。

海のクマムシは、今後もどんどん新しい種が増えると思われる。コペンハーゲン大学動物学博物館のR・M・クリステンセンは体長が一ミリ以下の小さな動物の分類と系統に関する革新的な発見を続け、Loricifera(胴甲動物)やCycliophora(有輪動物)という新しい門を設立しているが、クマムシについても有数の研究者で、彼の持つ海のクマムシコレクションには、まだ名前の付いていないものがたくさんある。彼の話によれば、深海のクマムシを海底の堆積物ごと調査船上に引き上げても、圧力の急激な変化に対してクマムシは大丈夫だそうだ。ただし冷たい海底から船上に移されてからの温度上昇には弱いとのことである。

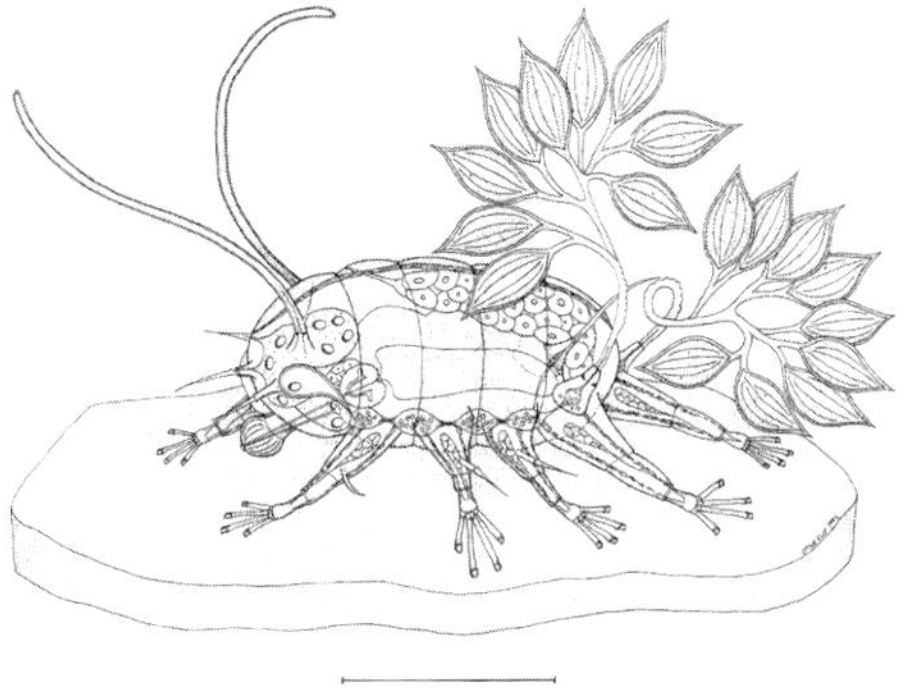

図 30 深海のおしゃれなクマムシ *Tanarctus bubulubus*. スケール：0.05 mm
(図の提供：R. M. Kristensen 教授)

ところで、さきほどの海の底のおしゃれなクマムシは、二〇〇〇年にコペンハーゲンで開かれた第八回国際クマムシシンポジウムのマスコットとして使用された(口絵7)。クマムシに関する学会組織は存在していないが、この国際シンポジウムは一九七四年に第一回がイタリアで開かれて以来、最近は三年に一度の間隔で定期的に開催されている。コペンハーゲンでこの会議が行われていた頃、わたしはまだオニクマムシの連続観察中だったため残念ながら参加はできなかったが、その次のフロリダの会議では、世界各国から参加したおよそ五〇名の研究者の活発な議論の中で、快い興奮を味わった。第一〇回は、ちょうどこの本が印刷中の二〇〇六年六月にシチリア島のカタニアで開催される。

趣味の顕微鏡観察

さて歴史に戻って、一九世紀半ばを過ぎると、顕微鏡観察のための解説本も出版されるようになる。図31はドイツのヴィルコム著『顕微鏡の驚異——極小の世界』(一八五六年初版)の中の挿絵のひとつで、ワムシや線虫とともに三匹のクマムシが描かれており、また抜け殻の中の卵や、トゲのあるチョウメイムシ類のものと思われる卵も見える。ただ、花文字で書かれた本文を苦労して読んでも、それまでのワムシに関する記述の豊富さに比べてクマムシについては少ししか触れられていないうえに、クマムシが多毛類(ゴカイなどの仲間)として紹介されているのがちょっと不満だ。またアルプスの山の上からとってきた土から線虫が蘇生したとも書いてあるのに、クマムシの蘇生については述べられていない。著者はエーレンベルクの業績を引用したりしているので、クマムシに関しての見解はエーレンベルクのものだったのかもしれない。この本は顕微鏡の理論から始まって、ケイ藻やインフゾリア(滴虫《てきちゅう》類)すなわちさまざまな単細胞生物や、微小な動物、植物の組織、昆虫等、あらゆる話題を扱っていて、その後一九〇二年までに七版を重ねた。

Den Räderthierchen verwandte Geschöpfe sind die mikroskopischen Gattungen der sogenannten Borstenwürmer (Chaetopoda), von denen die meisten im Meer, einige jedoch auch im süßen Wasser, besonders im Schlamme stehender Gewässer leben. Sie haben theils gegliederte, theils ungegliederte wurm- oder blut-

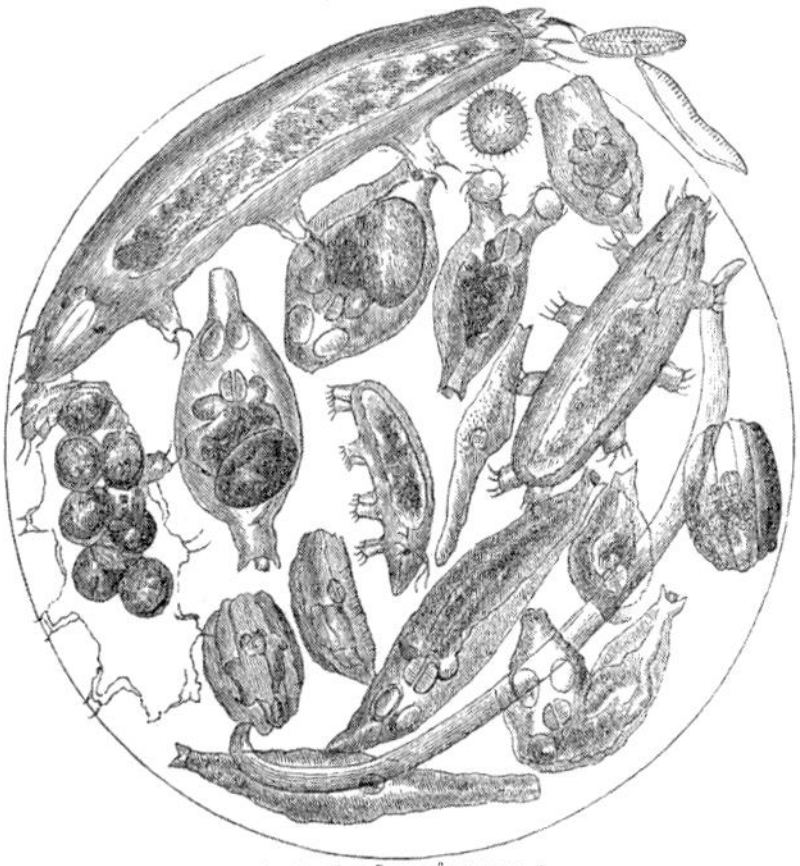

Fig. 22. Borstenwürmer u. a.

egelförmige Körper, an deren Bauchseite eine bestimmte Anzahl von fußartigen, mit krallenförmigen Borsten besetzten Höckern hervorragen. Der vom Körper nicht deutlich abgegrenzte, bisweilen schnauzenförmige Kopf ist meist mit zwei oder mehreren

Wunder des Mikroskops. 4

図31 ヴィルコム著『顕微鏡の驚異——極小の世界』(1856年初版)の中の挿絵
(Willkomm, M., Die Wunder des Mikroskops oder die Welt im Kleinsten Raume, Otto Spamer, Leipzig, 1856 より)

イギリスのスラック著『驚くべき池の生き物たち』(一八六一年初版)にも、クマムシがちゃんと紹介されている(図32)。この解説は楽しいので少し本文を読んでみよう。

「暗く汚れた一二月の都会では郊外への遠足など望むべく

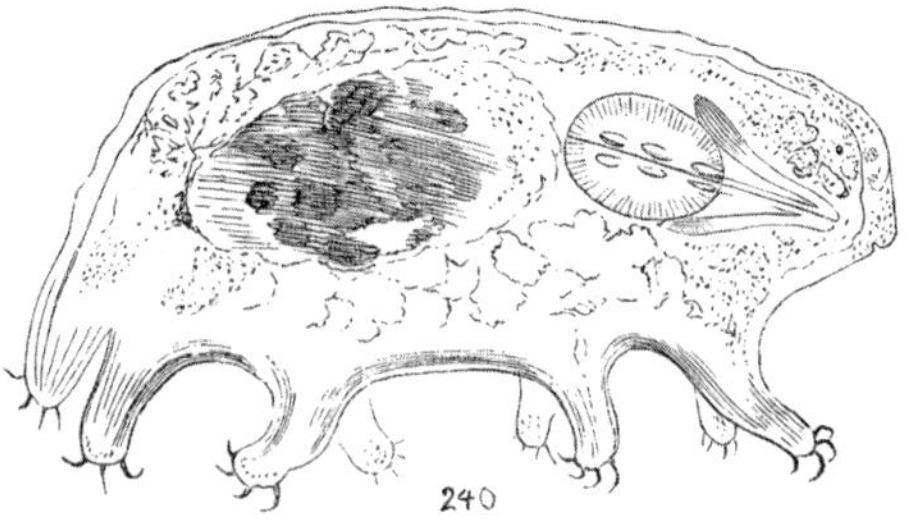

Water-Bear.

図 32　スラック著『驚くべき池の生き物たち』（1861 年初版）のクマムシ
（Slack, H. J., Marvels of Pond-Life or a Year's Microscopic Recreations among the Polyps, Infusoria, Rotifers, Water-Bears, and Polyzoa, Groombridge and Sons, London, 1861 より）

もないが、すぐそばには入って行ける池がある。もちろん自分が池に浸かるんじゃなくて、ガラス瓶を池に浸けるのだ。（中略）一番おもしろかったのは、小さな水草の枝をピンセットでガラスに載せて、なにがいるかのぞいたときだった。何度か見ているうちに、かわいい子犬のような動物が忙しく八つの肢で一所懸命にもがいていて、でもちっとも前に進まないのが見えた。わたしたちはTardigradaつまりWater-Bearsをつかまえたのだとわかった。こいつはとても滑稽で愉快な、かわいい奴だった。その姿はまるで生まれたての子犬か、まだ濡れている熊の子のようだ。八つの肢にはしっかりした四本の爪がついていて、しっぽはなく……」

クマムシはなぜかわいいのか？

ちょっと余談であるが、学生にクマムシを見せると、ほとんどの場合「わ、かわいい！　なんですかこれ？」という反応が返ってくる。ごくわずかだが「わ、きもちわる！　なんですかこれ？」という人もいる。わたしの経験では後の反応をした人は一名であるが、いるにはいる。

それにしても、ほとんどの人が似たような反応をするということには、なんらかの意味があるはずである。たとえば、ヒトは赤ん坊の顔を見てかわいいと思う。義務感よりも先に本能的にそう思うようにできているらしい。なぜかわいいと思うかのしくみはともかく、形態学的な根拠として、顔の各パーツの配置、比率が成人とかなり異なっているのは確かである。それがヒトだけでなく、哺乳類一般についても子どもの顔付きを認識できる。子どもに対していだく感情というのはおそらく哺乳類一般に共通なのだろう。

話をクマムシに戻すと、わたしは日頃クマムシばかり見ているせいか、路上でむこうからゴールデンレトリバーが散歩して歩いてくるのを見た瞬間、クマムシみたいにかわいいな、と思うことがある。しかしこれは逆なのだ。クマムシを見て「わ、かわいい」という現象のほうこそ、一瞬「クマさんが歩いているみたい」と感じるからなのだろう。ヒトには、足でノコノコと歩くものに対する本能的な親近感があるのかもしれない。

二〇世紀前半の金字塔――エルンスト・マルクス

閑話休題《それはさておき》、口絵1に掲げた図版はエルンスト・マルクスの著書『Tardigrada』(一九二九年)からとった。この本はドイツの動物学シリーズの一冊として出版されたもので、クマムシについて当時得られたあらゆる情報の集大成である。なにしろクマムシだけで六〇八ページもある。『Tardigrada』の最後に一枚だけ彩色図版が付いているのが口絵1である。これを見てみなさんはどんな印象を持たれただろうか。わたしが聞いた範囲では「これ、すごいですね！　ヘタウマっぽいところが、じつにカワイイです」とか「こんな絵のついたTシャツやマウスパッドがほしい！」などと大変に評判が良い。

マルクスはベルリンの博物館で研究し、一九二七年からの三年間にクマムシに関する多くの論文とともに二編のモノグラフを発表した。一九二八年にも二三〇ページからなる別シリーズのクマムシの巻『Bärtierchen』を出版しており、使用された図版の多くは翌年の大著と共通である。こちらは今でも比較的容易に手に入る。現在、クマムシの解剖学や生理と生態などに関して説明されている情報のかなりの部分は、それまでの文献を網羅したこの一連の著作からの引き写しといってもよく、いわばクマムシ学にとっての一里塚となっている。

マルクスの著作を著しく魅力あるものにしているのは、その独特な挿絵の力もあるに違いない(図33)。これらの愛情あふれる図はすべて、夫人のエブリンによって描かれた。この研究は本来彼女との共同作業なのだ、ということが序文に述べられ、これらの本は彼女に捧げられている。エブリンの祖父は電気生理学のパイオニアとして著名なエミル・デュ・ボア＝レーモンであり、その著書『自然認識の限界について 宇宙の七つの謎』は岩波文庫に入っている。エブリンの父もやはりベルリン大学の生理学教授で、彼女は子どもの頃から父の顕微鏡で微生物をのぞくことに親しんでいた。

一九二九年といえば世界大恐慌の年で、世界中が不穏な空気に覆われ始める。マルクスは一九三六年にもクマムシの新たな一冊を発表しているが、この年の四月に彼はブラジルのサンパウロ大学に移っている。彼はユダヤ人だったため、前年にナチスによってベルリン大学の地位を剝奪《はくだつ》されたのだった。エルネスト・マルクスとして新天地での研究活動を再開した彼は、夫人とともに非常に多くの研究成果を残している。

もともと彼の専門は幅広く、昆虫好きだった彼の学位論文(一九一九年)はフンコロガシの仲間に関する研究だったし、その後博物館で任されたテーマはコケムシであった。コケムシというのはコケの中に棲む虫のことではなく、現在では外肛動物と内肛動物という全く別の二つの門に分けられている主に海産の無脊椎動物である。マルクスはブラジルに渡る少し前にはコペンハーゲンに滞在して、デンマークの動物学シリーズのためにコケムシ類のモノグ

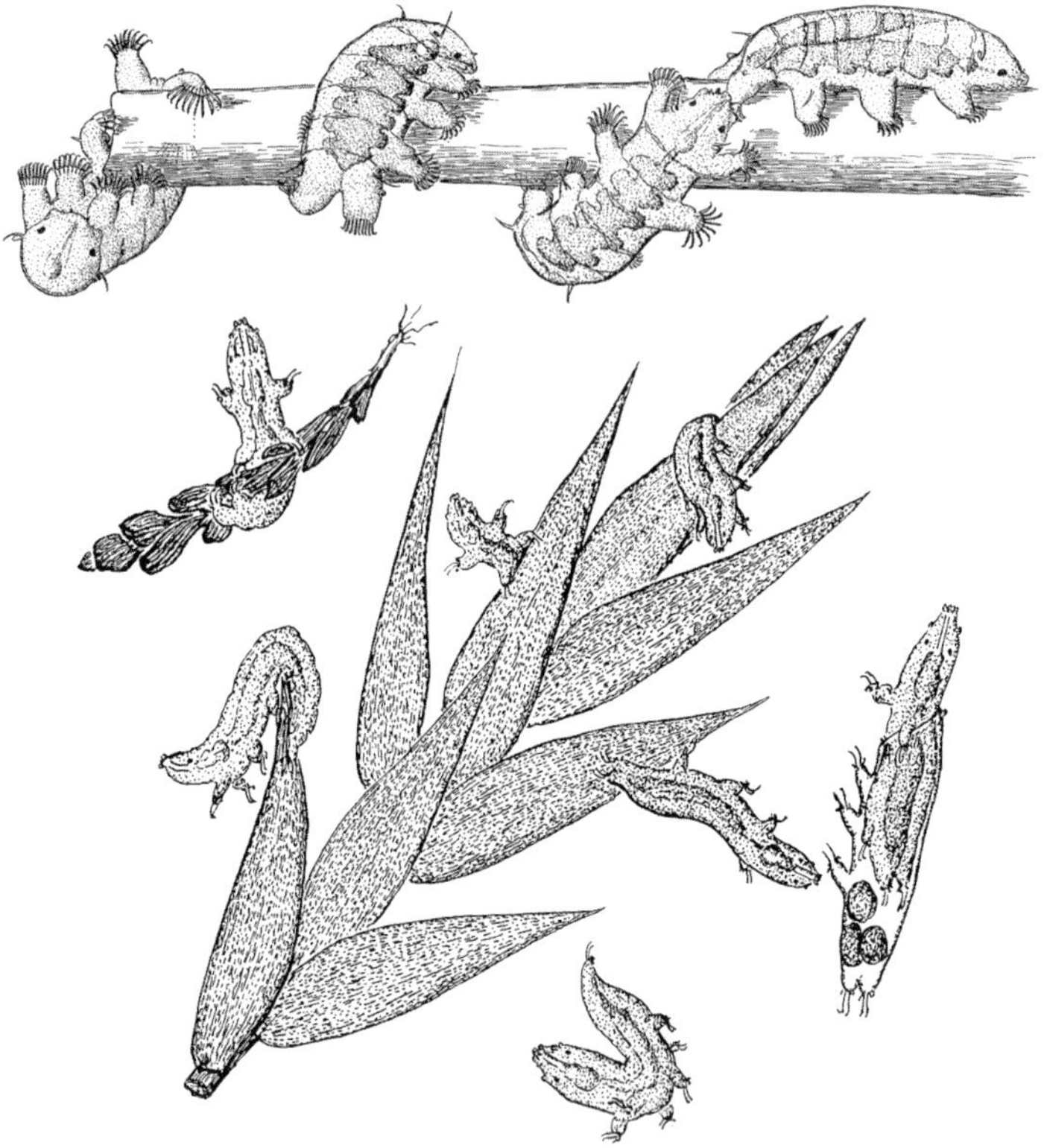

図 33　マルクス(1929)より(上)イソトゲクマムシ(下)オニクマムシ

(Marcus, E., Tardigrada, in H. G. Bronn (ed.), Klassen und Ordnungen des Tier-Reichs, Bd. 5, IV-3, Akademische Verlagsgesellschaft, Leipzig, 1929 より)

ラフを書いている。このせいでコケムシ研究者はデンマーク語の文献とも向き合う必要ができてしまった。このときエブリンの描いたコケムシの原図の数々は、今もコペンハーゲン大学の動物学博物館に残っている(図34)。

図 34　コペンハーゲン大学の動物学博物館に今も残っている，エブリンの描いたコケムシの原図の数々(資料提供：Claus Nielsen 教授)

第二次大戦後も彼はドイツの大学からの招聘《しょうへい》を断り、ブラジルに残って夫人とともに海の生物の研究を幅広く楽しみ、膨大な新種記載論文を発表した。後年だんだん研究対象はウミウシに移っていった。これは夫人の趣味だったようだ。マルクス夫妻の名前はしたがって、クマムシ研究者としてよりは、むしろコケムシやウミウシ類の研究者として有名である。ウミウシ類だけでも二二二の新種と二二の新属を記載している。しかしマルクス夫妻はブラジルでもクマムシの新種をいくつか報告している。最近、宇津木によって日本各地の下水処理槽から見つかることが報告されている *Isohypsibius myrops* という種は、エブリンによって一九四四年に新種記載されたクマムシである。

マルクス夫妻の二人三脚のエピソードについては二〇〇二年に出版されたコケムシ学の歴史に関する論文集の中で、ヴァージニア自然史博物館のウィンストンによって温かく紹介されている。

マルクスによるモノグラフがまとめられた少し前、二〇世紀初頭にはクマムシの新種記載が著しく進んだ。またクマムシの生理学的な研究が精力的に進められたのは一九二〇年代であった。驚異的な耐久性の話題の多くはこの頃になされた実験事実によるものである。

次の章では、いよいよその話題について述べることにする。

クマムシとカンブリア紀の怪物たち

クマムシに関連のある文献を集めるうちに、アノマロカリスなど、いわゆるカンブリア紀の怪物たち（図35）の文献も同時に集まるようになってきた。これはいったいどういうことか？

さまざまな古生物を紹介したグールドの『ワンダフルライフ』（早川文庫）によって人気者になった、不思議な怪物アノマロカリスであるが、研究が進むにつれ、その鰭《ひれ》のような構造の腹側に肢がついている種も見つかってきた。どうもこれらの動物は、有爪《ゆうそう》動物（カギムシ類）と近縁と考えられるハルキゲニアなどとともに、節足動物のような関節肢は持たないがそれと近縁なグループを形成しているらしい。

クマムシは、最初は節足動物の一員とみなされたが、後に独立した門の地位に昇格されて以来、その他の門との関係がいまいち明確でないまま今日にいたっている。しかし、その体節性や肢の構造などから、節足動物や有爪動物とともに汎節足動物としてひとくくりにする考え方があり、分子系統学もこれを支持している。その起源を考える上で重要になるのが、カナダのバージェス頁岩《けつがん》や中国雲南省の澄江《チエンジャン》動物群などカンブリア紀の化石資料である。これらを用いた本格的な系統推定が行われるようになって、クマム

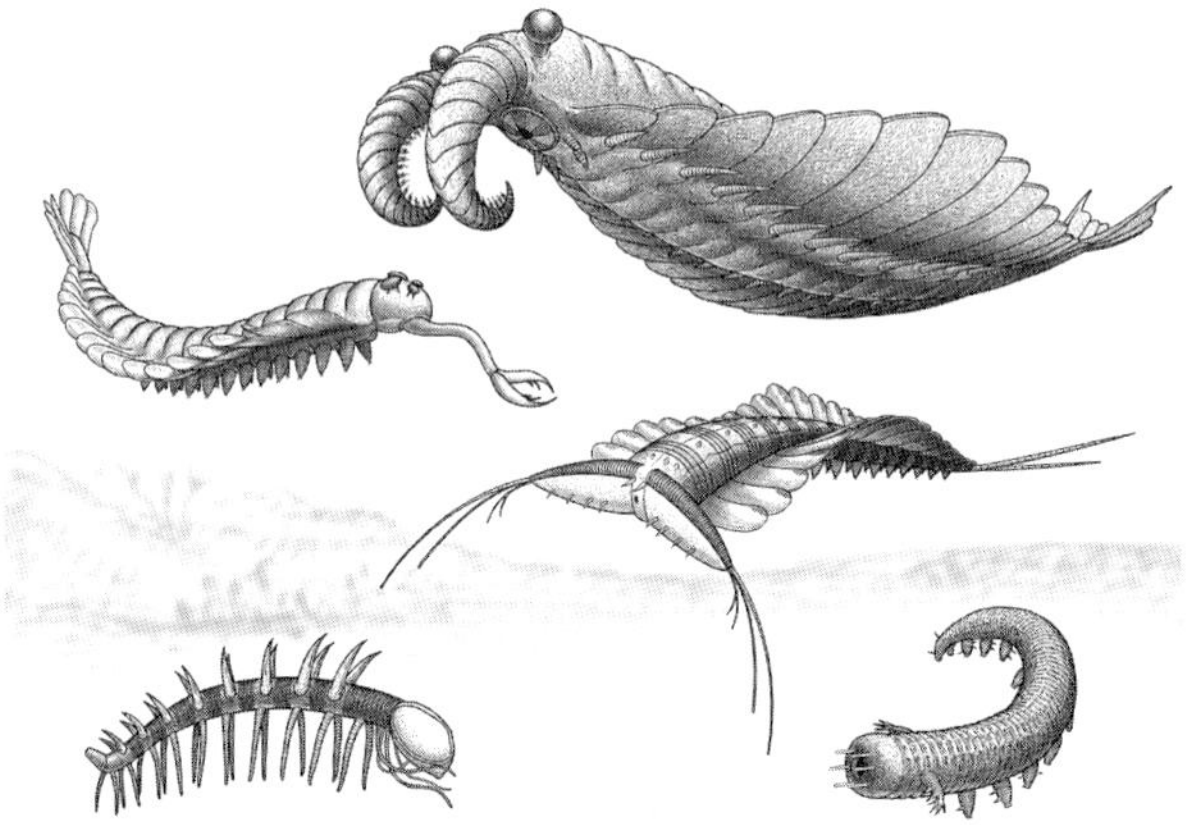

図 35　カンブリア紀の仲間たち．一番上がアノマロカリス(画：上村一樹)

シとアノマロカリスが出会うことになったのだ。ただし、鰭の下の肢と解釈されたものが、じつは消化管の分岐管なのだとする別の解釈も二〇〇二年に発表されており、化石の形質にもとづく系統推定はまだ混沌としている。

クマムシのような小さな動物でも化石が見つかっていて、現在までに三種が発表されている。カンブリア紀からもひとつの化石が報告されているが、足は三対しか見えず、幼虫の化石なのではないかという解釈がされている。あとの二つは白亜紀の琥《こ》珀《はく》に閉じ込められたクマムシで、そのうちのひとつは現代のオニクマムシにそっくりである。

ところで、わたしがこの原稿を執筆しているデンマークは琥珀の産地で、コペンハーゲンの街には琥珀の専門店がたくさんある。虫の化石入りの琥珀もよく売られているのだが、残念ながらクマムシは小さすぎて、もし入っていたとしても店頭では見えない。もう少しクマムシが大きかったなら……と琥珀を見るたびに考えるのだが、そんなことを思いながらショーウィンドウを眺める人は、あまりいないかもしれない。

クマムシはすごいのか？

「樽」とその耐久性

一九世紀のドワイエールはすでに、乾燥したクマムシが一二〇度の高温に耐えることを知っていた。一九二〇年代になって、このような性質を調べる実験が数多くされるようになる。クマムシが乾燥して、肢をちぢめてカリカリに干からびたその姿は酒樽のように見える（図36）。第二章でも触れたように、一九二二年にバウマンによって「小さな樽型」と記されたのがきっかけとなり、その後クマムシのこの状態は英語ではtun（樽）と呼ばれるようになった。彼はクマムシの「樽」の保存期間と蘇生に必要な時間の関係などについて調べ、また炭酸ガスや硫化水素ガス処理後に蘇生することについても少し触れている。

その同じ頃、ドイツのラームは「樽」の耐久性に関する多くの実験を行った。彼が一九二一年からの数年間に発表した論文の中で、液体空気（マイナス一九〇～二〇〇度、二〇カ月）

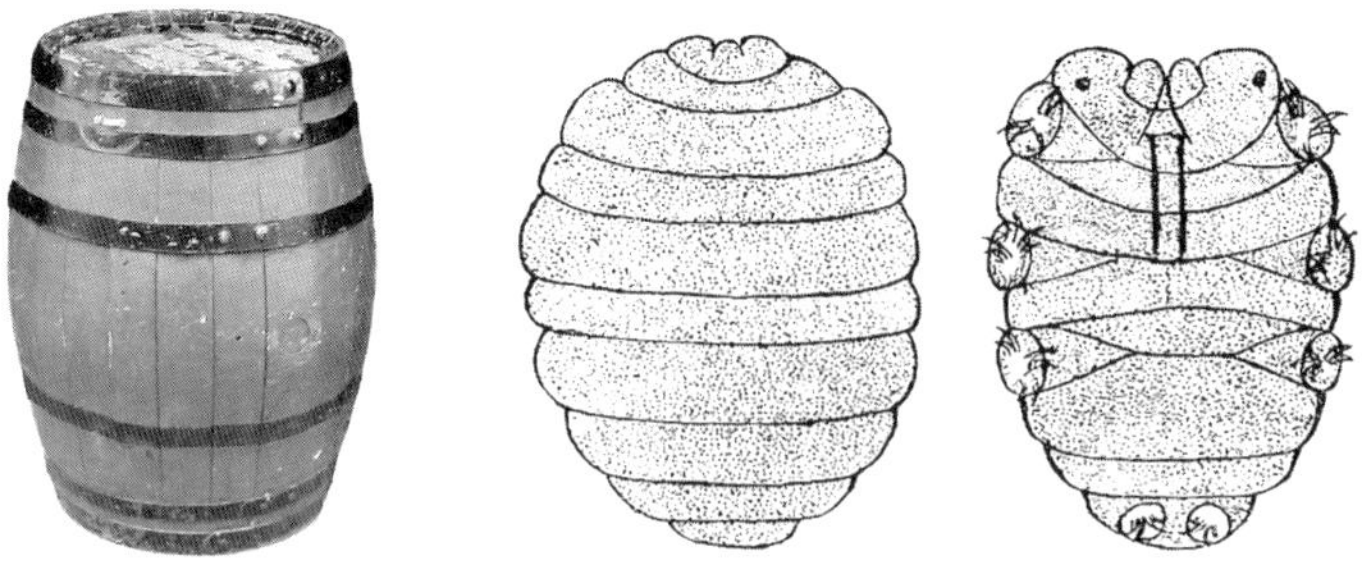

図 36　酒樽(左)とクマムシ樽(右)
(クマムシ樽の図はBaumann, H., Die Anabiose der Tardigraden, Zool. Jahlb., 45: 501-556, 1922より改変)

や液体ヘリウム(マイナス二七二度、八時間)、極端な温度変化(マイナス一九〇度、五時間→プラス一五一度、一五分)、高圧(一〇〇〇気圧)や紫外線にさらしても、クマムシ樽は大丈夫だと報告されている。ちなみに、ラームは一九三七年五月に長崎県雲仙でオンセンクマムシ(中クマムシ綱)を発見した人である。彼も聖職者で、ラインラント地方マリアラーハのベネディクト会修道院の神父であった。

その後も、樽の耐久性に関する新記録が発表され続けた。一九五〇年にはベクレルによって、ほとんど絶対零度近く(〇・〇〇七五K)まで冷やされても大丈夫だったと発表された。絶対温度(単位はケルビンK)の零度とは温度の理論的な下限(摂氏マイナス二七三・一五度)で、ベクレルの実験ではマイナス二七三・一四二五度まで下げたことになる。

一九六四年にはメイらによりX線照射実験の結果

として、じつに五七万レントゲン（約五キログレイ）に耐えると報告されたことは特に有名である。これはヒトの致死量の一〇〇〇倍以上といわれる。メイは紫外線についても調べ、樽に六時間照射しても大丈夫だったが、歩いている状態では一時間半の照射で死亡したと報告している。

またクロエとクーパー（一九七一年）によれば、走査型電子顕微鏡で観察した後の樽に水をかけたら蘇生して一分ほど歩いたという。これは真空という条件に加えて高圧の電子線照射をした結果である。これに関しては後に宇津木と野田による実験結果も報告されている。さらに関と豊島（一九九八年）によれば、樽に約六〇〇〇気圧という生物の常識をはるかに超えた高圧をかけても蘇生した。地球表面でもっとも高圧のかかる場所といえばマリアナ海溝チャレンジャー海淵といわれるが、そこの水圧が約一一〇〇気圧である。（第4章末の追記参照。）

クマムシのアルコールに対する耐性が発表されたのはごく最近になってからで、ラムレフとウェスツ（二〇〇一年）によれば、クマムシ樽をエタノールに浸すと全滅するが、それより疎水性の高いブタノールやヘキサノールには抵抗性があるという。

不死身なのか？

以上のように、クマムシの驚異的な耐久性というのは単なる伝説ではなく、れっきとした実験事実に基づいたものだということがおわかりいただけただろう。

　しかし、これらのことを宣伝するあまり「なにをしても死なない生き物がいる」という風説がひろまってしまったのであった。これは完全な誤りである。クマムシは簡単に死ぬ。わたしの飼っているオニクマムシも餌をやらずに放っておけば、お腹をすかせて死んでしまう。「樽」が高温に耐えるといっても、歩いているクマムシにお湯をかければ死ぬ。つぶせば死ぬ。そして、急激に乾燥すれば、「樽」にはなれずに干物になるのである。たとえうまく「樽」になって驚異的な耐久性を備えていても、針でつっつけば割れてしまう。超高圧に耐えるからといっても、ちっとも不死身ではないのである。ダイヤモンドがいくら固くても落とせば割れるし、燃やせば炭酸ガスになって消えてしまう。そういうことである。

　また、これらの実験結果は、あくまでも「蘇生したかどうか」について見ているだけだ。その後のクマムシが平和に一生をまっとうしたかどうかが大事なのだが、このことはいつも忘れられている。過酷な実験をされたクマムシたちは、蘇生したとしてもそのすぐ後で、『あしたのジョー』のように燃え尽きて倒れるものもいたはずなのだ。

水を加えて三分待てば……

　さて、講義はこのぐらいにして、本物のクマムシを見てみることにしよう。

クマムシがめでたく樽になるためには、すでに述べたようにある程度ゆっくりと乾燥する必要がある。そうでないと単なる干物になって、それこそ干からびて本当に死んでしまう。そうならないような工夫はいろいろ考えることができるが、わたしが考えたのはオニクマムシを乾燥保存するときに得られた方法で、とても簡単である。つまり、寒天の上で乾燥させればよい。湿った寒天は急激には乾かないから、特に蓋《ふた》などをしなくても、かなり長く湿った状態が保たれる。スライドガラスの上に寒天を一滴たらして固め、そこにクマムシを一匹おいてやって放置すれば、そのうち上手に樽になったクマムシを見ることができる(図37)。

樽になったクマムシは死んだように見える、というより単なるゴミにしか見えない。その小さな固まりに水をかけてしばらく眺めてみよう。三分では少し足りないかもしれない。それでも、早ければそれこそ数分で何か変化が起こる。最初は単に水をすって膨張してきただけのように見える。しかし、そのうち肢が伸び始め、それがピクピクと動き始める。そして、体が十分に伸びると、すっかり元気なクマムシになって歩き始める。

たしかに、まるで乾燥しきっていたはずのクマムシは、水をかければ「生き返る」。

クリプトビオシス——秘められた生命《いのち》

昔は乾燥したクマムシはいったん死んだ状態になり、そして水を加えると復活すると思わ

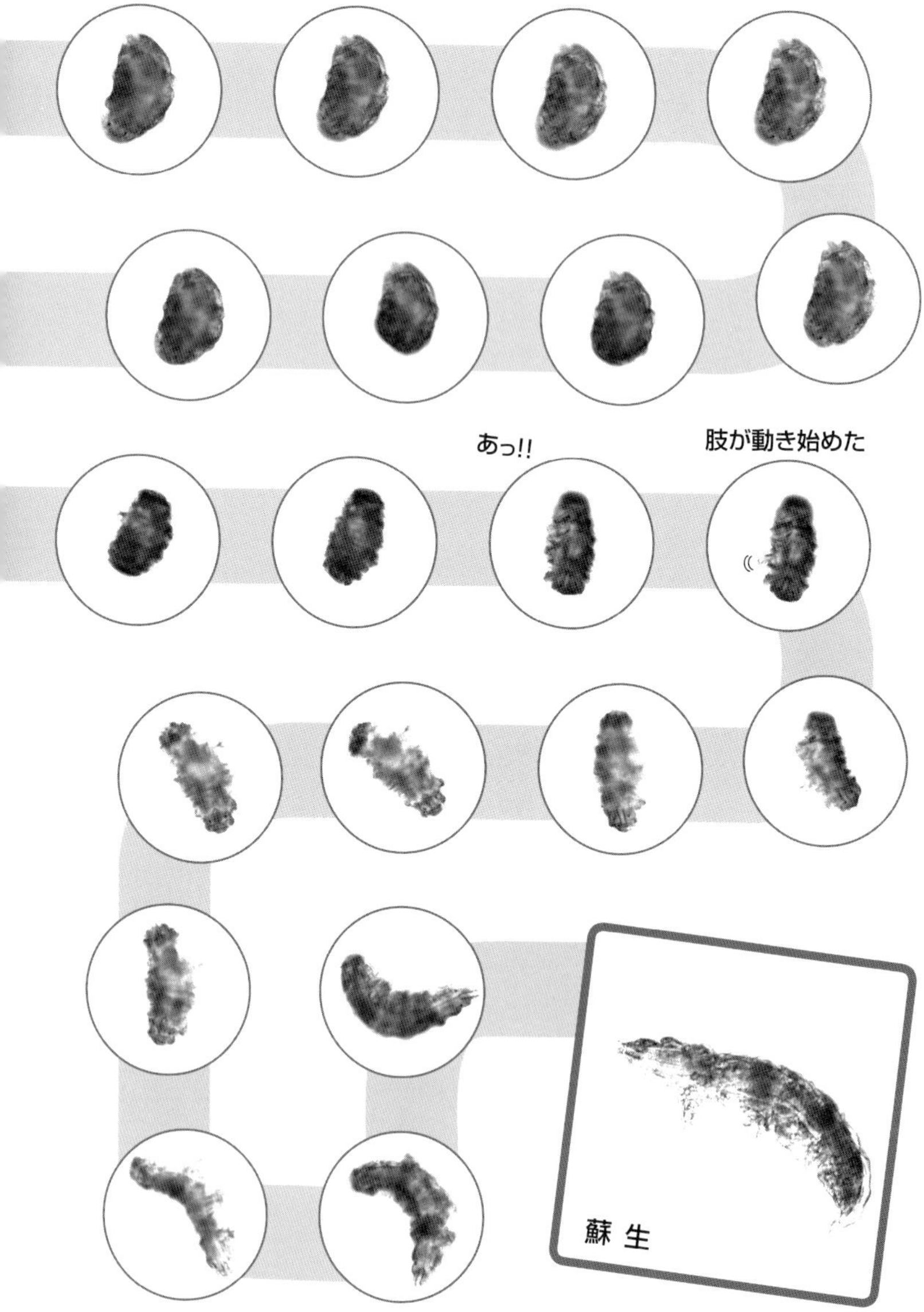

http://www.iwanami.co.jp/moreinfo/0074620/index.html でも見られます

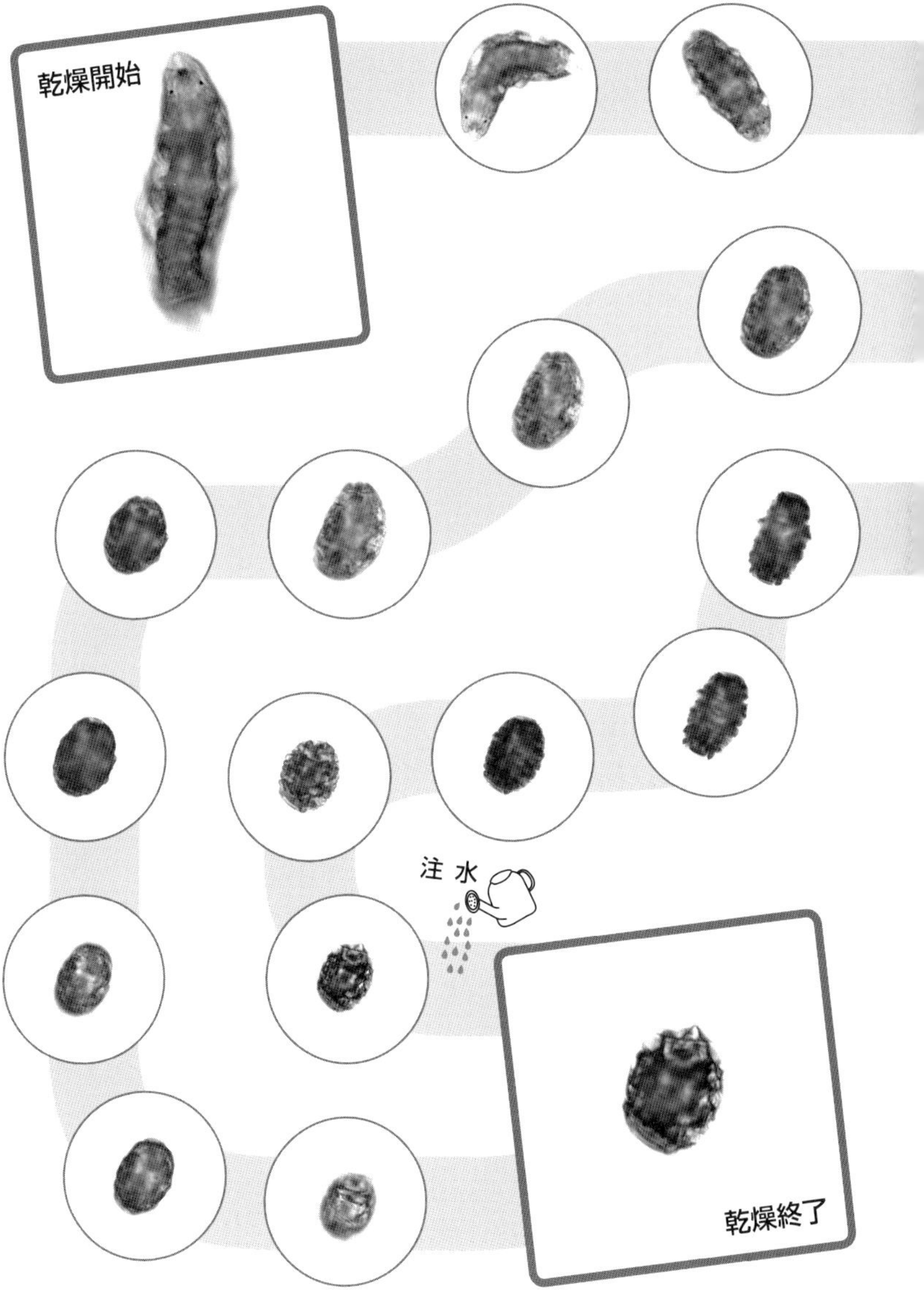

図 **37**　乾燥して樽になるオニクマムシ→蘇生するオニクマムシ

れていた。しかし、死からの復活というのはやはり考えにくいことである。生きている、ということには普通なんらかの代謝をともなう。そのため、乾燥したクマムシの体内でごくわずかな代謝が続いているのかどうか、という議論が起こった。最初にこの現象を発見したレーウェンフックは乾燥が完全ではないとの見解を持っていたが、スパランツァーニなどは、完全に乾燥して「死んでいる」と考えていた。

一九世紀のドワイエールは、クマムシに高温を加えても蘇生する現象をタンパク質のアルブミンと比較して考察した。タンパク質は湿った状態では少し加熱すると変成するが、乾燥した状態ではそうならない。クマムシもそれと同様で、復活する前のクマムシは完全に乾燥しているのだと考えた。パリ・アカデミーの中でも両派の見解が分かれて侃侃《かんかん》諤諤《がくがく》の議論となって、この問題を解決するための委員会まで設けられた。一八六〇年に出版された一二〇ページにもおよぶ報告書の結論として、乾燥クマムシは当時の実験技術で得られる限りの乾燥状態に耐えられることが確認された。

二〇世紀になっても、ラームが「死からの復活」派だったのに対し、たとえばバウマンは、クマムシは「死んでいる」わけではなく実際には生きているのだから、まったく代謝が起こっていないとは考えにくく、測定不可能な量の代謝活動があるのではないかと考えていた。

これらの議論の延長上で行われたのが一九五五年に発表されたピゴンとヴェグラルスカの実

験である。彼らは浮沈子《ふちんし》を使用して非常に微小なガス交換の量を測定した。浮沈子は水中に漂った状態の浮きで下部が開いており、その内部の気体の体積に応じて浮力が変化するため浮いたり沈んだりする。浮沈子内にクマムシと炭酸ガス吸着剤を入れておけば、酸素消費に応じて降下するはずである。その実験の結果、樽状態であっても、ごくわずかずつ酸素が消費されていることを証明した。

さて、酸素が消費されているというからには、樽のクマムシは仮死状態で酸素呼吸をしていると考えてよいのだろうか？

じつは、「樽」を長く保存するためには、無酸素状態にしておくほうがよいという実験結果がある。つまり食品を保存する場合と同様らしいのである。どうやら、ごくわずかずつ酸素が消費されているのは酸素呼吸のせいではなく、樽が酸化されて古びていく過程を示しているらしい。

現在では、一九五九年にケイリンによって提唱された用語「クリプトビオシス」が、クマムシなどの樽として眠っている状態に対して使用されることが普通になっている。なにやら呪文のようなこの言葉の意味は「秘められた生命」とでも言えようか。あくまでも死んじゃおらん！という気持ちの入った用語である。生命《いのち》を隠している状態である。生きてはいるけれど、しかし代謝のない状態。『動物系統分類学』(中山書店)では「潜伏生命」と訳されている。わたしの持っている英和辞典では「隠蔽《いんぺい》生活」と訳されており、最近のウェブサイトの記述はそれに従っている(?)ものもあるようだが、定訳といったものはない。(そもそも役立たずの動物学用語集はいうにおよばず、『岩波生物学辞典』ですらこの用語をいまだに収録していないのだ。まったく、なんてこった!)

クリプトビオシスの中に含まれる現象をさらに詳しく分類して、乾燥に対するものを特にアンヒドロビオシス(無水+生命)と呼び、日本語ではたいてい「乾眠」と呼ばれている。乾燥休眠という言葉を聞くこともあるが、休眠という用語はさまざまな意味を含むため、その使用には注意する必要がある。その他に、凍結に対するもの、高浸透圧に対するもの、無酸素に対するものをそれぞれ、クリオビオシス、オスモビオシス、アノキシビオシスと呼び分ける。いずれも、定着した日本語訳はまだない。

樽の中身はいったい?

呪文のような用語についてはこのぐらいにして、さて、乾燥状態のクマムシの中身はいったいどうなっているのだろうか。

クリプトビオシスの能力を示す他の動物では、その状態でトレハロースという糖が増加することが知られていた。それらの動物は、たとえば線虫や甲殻類のアルテミアである。アルテミアというのは、たぶん一九七〇年代に少年時代をすごした世代には「シーモンキー」といえば懐かしく思い出される方もあるのではないだろうか。粉のような卵を塩水につけておくと孵化して育つという奴である。なにやら怪しげなラベルの絵（図38）にワクワクドキドキしたのはわたしも経験したのだが、あれがクリプトビオシスだったとは、もちろんその頃は知るよしもなかった。今でもアルテミアの仲間の乾眠卵は観賞魚の餌として売られている。

トレハロースは昆虫では血糖として使われている糖だが（ヒトの血糖はブドウ糖）、一般にはそれほど普通には存在しない。しかし最近では、トレハロースが食品添加物として使用されることもある。この糖には、凍結に際して著しい細胞保護作用があることが知られている。

図38　シーモンキー
（資料提供：株式会社テンヨー）

ウェスツとラムレフ（一九九一年）は、クマムシが乾燥して樽になっていく過程でもトレハロースが蓄積することを明らかにした。彼らの実験によれば、クマムシが歩いている状態で乾燥重量の約〇・一パーセントにすぎなかったトレハロースが、樽になった状態では乾燥重量の約二・三パーセントとなった。これは他の動物ですでに得られていた値が大きなものでは約二〇パーセントだったことから比べると小さいが、それでも乾燥にともなうトレハロース量の変化は大変はっきりしている（図39）。

ところで実験結果についてこう書くのは容易だが、実際の実験現場を想像するとこれは大変な作業だったと思う。クマムシはあまりにも小さいので、このような実験で生化学的な測定をするためには、一匹分のサンプルでは足りない。たとえば乾燥とともにトレハロースが蓄積することを示した実験では、彼らは一点の測定に二〇〇匹のクマムシをすり潰した。そして、この一枚の図のために、各二〇〇匹のクマムシを入れた一八本の微小な試験管を用意している。つまり、三六〇〇匹のクマムシを選り分ける作業が必要だった。それも野外でとってきたコケから特定の種のクマムシを探し出してやるのである。モデル生物でこのような実験をするのは、材料の点ではずっと楽だし、いまさら種を同定する必要もないが、それでも実験は大変なものである。それを思うと、野生の動物を使ったこのような実験結果を見るときには、わたしはいつもその情熱にまず敬意を払いたくなる。そして、その結果がこのようにきれいな曲線を描いたときの彼らの喜びと驚きを想像する。（なにしろ実験というのは、つねにきれいな結果が出るとは限らない。予想通りに行かなかったときこそ新たな発見があるとも言われる。しかしそういう結果からは何も発見できずに落ち込むことのほうが現実には多いのだ。）

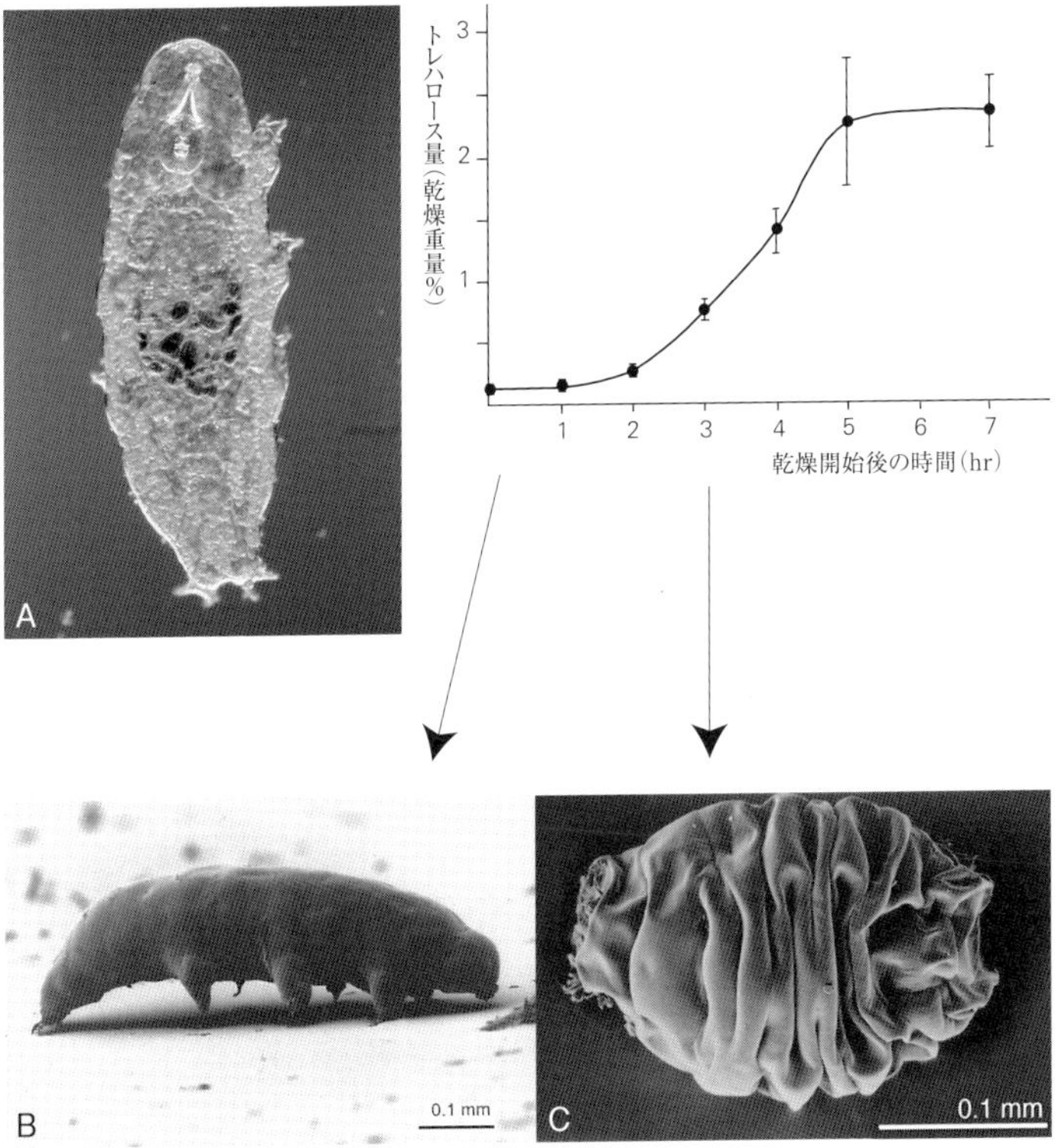

図 39　乾燥するとトレハロースが蓄積する．実験に使われたクマムシ *Richtersius coronifer* の光学顕微鏡像（A）と走査電子顕微鏡像（B と C）．（実験結果は Westh, P. and Ramløv, H., Trehalose accumulation in the tardigrade *Adorybiotus coronifer* during anhydrobiosis, J. Exp. Zool. 258: 303-311, 1991 より．写真提供：R. M. Kristensen 教授）

ともかく、樽になる場合にはトレハロースが蓄積され、組織に含まれる自由な水分はほとんどなくなるらしい。水分がなければ、それを媒体とする化学反応は起こらない。そして水の代わりにトレハロースが入り込んで、タンパク質や細胞膜分子の形をがっちりと保持しているらしい。クマムシが外界からの強烈なストレスに対して大丈夫な理由のひとつは、おそらくはそのせいなのだろうと考えられている。(第4章末尾の追記参照。)

樽になるための準備

生物は、つねに変動する外部環境に対してからだの中の状態(内部環境)を保ちながら生活をしている。しかし乾燥や凍結のような極端な環境変動に対処するためには、クマムシのからだは小さすぎる。このような生物は、外部環境の大きな変動に対して内部環境を積極的に無代謝状態に変化させる方法を獲得したのだ。

そのための過程にはおそらく多くの反応が組み合わさっていることだろう。その一部として、水の放出とトレハロースの蓄積という現象がまず見つかった。その他、一般にからだにストレスが加わったときに合成される熱ショックタンパク質と呼ばれる物質が変動することも最近報告されている。これらの複合的な変化が、乾燥していく過程で的確に素早く進行してはじめて樽になることができるらしい。そのためには、ある程度の時間が必要である。コルティやスパランツァーニの頃から知られていた「ゆっくりと乾燥することが必要」ということの意味はこれだったのである。

乾燥に強いクマムシたちの住処はコケの中である。たとえ外界が急速に乾燥していくとしても、コケの葉の重なりあったすき間でゆっくりと樽への変化をすることができる。それにしても、乾燥していくことを感知するシステムはいったいどうなっているのだろう？　神経系は無関係のように見える。なぜならそれが発達する以前の胚の段階でもクリプトビオシスの能力があるからだ。どうもそれぞれの細胞ごとにいっせいに乾燥への対処をしているらしい。浸透圧の変化が関与しているのだろうが、そのくわしいしくみについてはまだよくわからない。

電子レンジでチン

樽になったクマムシを電子レンジで三分間チンしてみたら、どうなるだろう？

すでに述べたように、乾燥して樽になった状態では、組織の中の自由な水はなくなっているらしい。ならば、電子レンジでは自由な水分子を運動させることによって熱を発生するわけだから、原理的には何も起こらないことになる。これが歩いているクマムシならばおそらく数秒で煮えて死ぬが、樽型クマムシならば電子レンジごときは屁でもないはずである。

嘘だと思ったら、実験するのは簡単だからやってみればよいだろう。むやみに生物をイジメル実験は気が進まないので（というか単に面倒くさがり屋なので）わたしはまだやっていないのだが……。これについて典拠としてあげられるような文献を見たことはないが、インターネット上ではよく目にする話題なので、おそらく実際に試された方も多いかもしれない。

放射線照射に対する抵抗性

バクテリアのなかには放射線照射によく耐えるものがあり、これはＤＮＡが変成してもすぐに修復する能力が高いからだといわれている。クマムシについても、一九六四年のメイの実験では樽だけでなく活動状態のものであっても放射線照射に耐えたことから同様のことが想定され、ヨェンソンらは最近これを追試して発表した。それによれば、やはり乾燥していなくても、クマムシは放射線によく耐えることが確認され、乾燥状態のようなトレハロースによる構造的な防御だけでなくＤＮＡ修復についても考えるべきではないかと述べている。

ただし彼らの実験結果によれば、放射線照射された卵は孵化していない。これを素直に解釈すれば、活発に分裂する細胞の遺伝子がやられたのではないかということになるが、この部分を考えるには実験例が少なく、まだまだ研究が必要だと思われる。

クマムシ以外のすごい奴ら

クリプトビオシス能力を持つ動物として早くに見つかったのはワムシや線虫の仲間である。また、コケの中からはさまざまな単細胞の原生動物が蘇生してくる。クマムシは必ずしもすべてのコケから出てくるわけではないのだが、クマムシより先に発見されたそれらはそれこそ「どこのコケにもいる」と言ってもよいほどよく見つかる。その割には一般にあまり話題にならず、まして「驚異の」とか「最強の」という形容語を付けて伝説的に取り上げられたりしないのだが、クマムシがすごいならば、これらの生物もまったく同様にすごい。（それならばクマムシばかりがもてはやされるのはなぜか？　……それはもちろん、かわいいからだ。）

クマムシも含めたこれらの動物に共通する性質としては、（おそらくは）すべての発生段階でクリプトビオシスの状態で耐えることが可能だということである。

それら以外の動物としては、すでに述べた節足動物甲殻類のアルテミア胚や、ネムリユスリカという双翅目《そうしもく》昆虫の幼虫が乾燥に耐える能力を持っている。これらは特定の発生段階に限ってクリプトビオシスに入ることができる。

ネムリユスリカはアフリカのナイジェリアで一九四九年一二月にヴァンダープランクによ

って発見され、一九五一年にヒントンによって、乾燥に耐え得る特殊な生態を考察するための実験データと合わせて新種記載された。この幼虫はいわゆる「赤虫《あかむし》」の仲間であるが、灼熱の太陽を浴びる花崗《かこう》岩のくぼみにできた水たまりから見つかり、ときおり四〇度以上になる温度にも耐えて成長を続ける。卵や蛹《さなぎ》の時期に乾燥すると死んでしまうが、体長二・二ミリ以上の幼虫はクリプトビオシスによって完全な乾燥時をのりこえる。ネムリユスリカはクリプトビオシスを示す動物の中では最大であり、現在その分子機構に関して日本の奥田隆のグループによって精力的な研究が展開されている。

これらの動物すべてにおいて、系統的に密接な関連があるとは考えられないから、クリプトビオシスという性質は、それぞれの系統において独立に獲得されたと考えるのが自然である。

地球上には通常の生物が生きていけないような環境があちこちに存在する。しかしそのような場所にもほとんど必ずなんらかの生物が暮らしている。これらを「極限生物」などと呼んでいる。このような話題では、まさに究極のすごい奴らが存在する。バクテリアの世界である。先ほどの放射線のほかに、高熱、高圧、高アルカリ……。さまざまな極限環境に生きるものたちがいる。それらの多くは発見されるたびに、なにか人間のために応用できるのではないかと注目され、そのいくつかは実際に製品化されているものもある。

しかし極限生物についての知識には、もっと、ずっと魅力的なことがあると思う。それら極限に生きる生物の世界を知ることによって、地球と生物の関わり合いという視点からわたしたちの世界をとらえると、太古の時代のバクテリアによって営々と築き上げられた遺伝と代謝のしくみを利用して、地球上のあらゆる場所に多様な生物がいのちをはぐくみ続けているということが実感される。そこには、ダーウィンが『種の起原』の最終ページで述べたように、まさに壮大な景観がひろがっているのだ。

一二〇年説——事実とフィクション

さて、そろそろクマムシが乾燥した状態で一二〇年も生き続けるという話は本当なのかどうかについて述べることにしよう。

この話は有名な動物学の教科書にも書かれているし、あちこちで引用されているので、生物学の授業でこれを話題にされたことのある先生もあるのではないかと思う。わたしもこんなおもしろい話は誰かに話したくなるし、実際、クマムシについて調べ始めた最初の頃には、居酒屋で隣に座った人に得々と話したこともある。

しかし、不思議なことにどの文献にも典拠が出ていないのである。通常、このような重大な情報には必ずもとになる論文が典拠として示されるのだが、これは非常に不思議なことだった。それはクマムシ初心者のわたしだけが疑問に思っていたのではなかったらしく、まさにこのことをテーマにした報告がヨェンソンとベルトラーニによって二〇〇一年に発表された。『クマムシの長期生存にまつわるファクツ(事実)とフィクション』(Jönsson, K. I. and Bertolani, R., J. Zool. (Lond.) 255: 121-123, 2001)と題して。

コケの標本を調べる際には、乾燥標本を水に浸すと形がもとの状態に戻るため、そのようにして観察する。するとコケと一緒に乾いていた動物たちも水を得て蘇生することになる。乾燥状態で何年も生きることができる、というのは、何年もかけて計画された実験からではなく、このような経験から言われていることなのである。乾燥した状態で一〇〇年以上も生きることができるという「伝説」も、そのような状況で出て来たのだ。

典拠らしき唯一のものは一九四八年に出たイタリア語の論文だった。フランチェスキは一二〇年前のコケの標本からクマムシをたくさん見つけたのである。しかし、その中で彼女はクマムシが蘇生したとは書いていない。「水に浸して一二日目に、ただ一匹だけ肢が震えるように伸び縮みした。それは水によって膨潤するときの普通の動きとは異なっていたため、かすかな生命のしるしだったのかもしれない」と書いたのだった。

『事実とフィクション』の中には、いったい誰がフィクションを仕立て上げたかについては書かれていない。ある研究者が「一二〇年間、乾燥保存されたコケからワムシやクマムシが蘇生した（数分後には死んでしまったが）」と書いたことがあったのは確かだ。

しかしそんな「犯人探し」よりも大切なことがあるとわたしは思う。典拠のない話を鵜呑《うの》みにして流布させてきたのは、ほかでもない、わたしたち生物学の教員なのだと自覚しなければならないだろう。科学的あるいは教科書的と信じられていることのなかには、案外このような話も多いかもしれないのである。

何年まで大丈夫なのか

一二〇年伝説は片付いた。さらにクマムシ伝説を究明するためグィデッティとヨェンソンは博物館のコケを再調査することにした。

古くは一三九年前までのコケの標本をたくさん借りてきて水に浸すと、たくさんのコケの住人たちが水を吸ってもとの形を取り戻して出てくる。ここで「出てくる」と聞いて、歩いて出て来たと勘違いすると、またしても尾ひれがついてしまうので注意しなければならない。それらは形が復元しただけで蘇生したわけではないのだから。彼らの調査によれば、一〇〇年以上前のものどころか十数年前のものでもまったく蘇生することはなかったのである。蘇生したもののうちもっとも古い標本は九年前のもので、その中にあった胚が孵化しただけであった。

ところで、博物館の標本は虫の被害を防ぐために定期的に燻蒸《くんじょう》されることがある。彼らはその影響があるかもしれないと考え、殺虫剤による影響についても検討した。その実験からは、一一カ月間室温保存したコケを臭化メチルによって七〇時間燻蒸処理した後でも、約四五パーセントのクマムシが蘇生した。コケの保存期間と燻蒸効果の関係については不明確な点もあるが、この燻蒸処理が乾燥クマムシに対してあまり効かないことは確かである。(ここで使用された臭化メチルは、一九八七年のモントリオール議定書によってオゾン層破壊物質に指定され、先進国では二〇〇五年一月より製造禁止となっているが、現実には代替品の問題などがあってその使用は二〇〇六年現在(日本でも)まだ続いているらしい。)

さて、結局のところ現在までに残っている記録としては、バウマンが一九二七年に記載した七年間保存したコケからクマムシを蘇生させた例と、先出の九年目に胚が孵化した例が、あきらかな蘇生記録としては最長ということになるようである。なお、グリーンランドでは一年の大半が氷漬けになった部分でもクマムシが見つかっている。そのようなものでは乾燥状態でなく、氷漬けの状態で八年以上保存されたクマムシも報告されている。

わたし自身のオニクマムシ樽の経験に関していえば、室温で一週間はＯＫ、なんとか一カ月ぐらいまでは大丈夫だろう。冷蔵庫(四度)に入れても三カ月を超えると危うい。しかし冷凍すればかなり長持ちする。研究室の古ぼけた家庭用の冷凍庫(約マイナス一五度)で三年二カ月保存したオニクマムシ樽が、二〇〇五年三月にお茶の水女子大学の集中講義で公開実験をしたときにうまく蘇生してくれた。今のところ、これが自分で確認した最長記録である。

もちろん、自然状態では乾燥した状態でずっとそのままというわけではない。乾眠を繰り返しながら六〇年以上も生きることができるだろう、とマルクスは推定している。しかし本当のところはよくわからない。ラームなど何人かの研究者は、眠ったり起きたりを繰り返すことがクマムシには必要なのだ、という考えを表明している。つまり、乾燥は耐え忍んでばかりいるものではなく、むしろときどき乾燥するほうがよいのではないか、というのである。リフレッシュ休暇というわけである。乾燥することで、たとえばコケの中のバクテリア増殖が抑えられて環境がリセットされるという利点はひょっとしたらあるかもしれない。しかし、樽になるためにはそれなりの投資(エネルギー)が必要だし、失敗すれば干物になる危険もある。乾燥することがクマムシの健康にとって積極的な意味があるかどうかはまだわかっていない。

わたしの個人的な妄想としては、あの16番のクマムシ(三六ページ参照)などは「もう、いいかげんにして! 一度ゆっくり眠らせて!」と言いながら水の上に這い上がってきたような気もするのだが……。

クマムシゲノムプロジェクト

この見出しのようなタイトルのウェブサイトをご存知の方も多いだろう。以前、わたしがレポートの課題としてクマムシについて調べるように出題したとき、かなりの学生がこのサイトの記述を鵜呑みにして「クマムシゲノム計画が進行中である」と報告してくれたことがある。その時には、これはまだ夢物語だったのだ。しかし、これまで見てきたように、クマムシは発見当初からクリプトビオシス関連の興味が持たれ続けている。遺伝情報にその秘密が隠されているのではないか、と考えるのは当然であろう。

ゲノムというのはある生物の持つすべての遺伝情報のセットのことだが、遺伝情報の一部を解析する研究はずいぶん行われるようになった。たとえばクマムシの「樽」と熱ショックタンパク質の研究では、タンパク質そのものを測定したのではなく、遺伝子発現の変化をみた。トレハロースに関連した酵素の遺伝子発現についても研究が始まっている。また、クマムシの系統解析のために、遺伝情報の配列解析がさかんに進められている。

最近のゲノム研究の流れからすれば、クマムシゲノムプロジェクトが夢ではなく現実の話になるのもさほど遠いことではないだろう。実際、エジンバラ大学で線虫を研究しているグループが、線虫の後はクマムシだと言って、すでに数年前からクマムシの遺伝情報を集め始めている。これは発現している遺伝子の情報なので「ゲノム計画」ではないが、彼らの成果の一部は、二〇〇三年にフロリダで開催された第九回国際クマムシシンポジウムで発表された。

クマムシの遺伝子研究は現在加速し始めている。今後クマムシゲノムが解析されることになったらなにがわかるだろうか？　クリプトビオシスの謎はとけるだろうか？　わたしはそう簡単にその謎がとけることはないと思っている。しかしクマムシゲノム計画が進んで行くとしたら、なんだかすごくワクワクする。アノマロカリスのような怪物と親戚かもしれないクマムシのゲノム情報には、どんなおもしろい歴史物語が書き記されているだろうか。

分子vs形態

ところで最近の生物学教科書には、ひと昔前のものとはかなり異なった系統樹が載っており、「脱皮動物」という名前が出てくる。これは近年のＤＮＡ塩基配列にもとづく系統推定の結果である。たとえば、線虫と昆虫は形が全然違うのだが、分子配列を解析すると同じグループ内にまとまってくる。では共通項はなにか？　と考えて浮上したのが「脱皮する」という性質だった。このタイプの系統樹では、旧口《きゅうこう》動物のうちで、クマムシも含む「脱皮動物群」と、発生初期にトロコフォアと呼ばれる幼生段階を持つ「冠輪《かんりん》動物群」とが対置される。

これまで体節性などの形質をもとにして、節足動物と環形動物が近縁だと考えられていたのとは相当異なった系統樹であるが、いよいよ教科書にも続々と採用されて定説となりつつあるように見える。

しかし「脱皮動物」というグループは、「脱皮する」という形質に注目してまとめられたのではなく、脱皮については後づけの解釈である。そして、冠輪動物群に入ることになった環形動物にも、脱皮と考えられる現象が以前から報告されている。(ついでにいえば、ヘビやトカゲも脱皮する。)

脱皮という現象は、節足動物の特に昆虫に関しては脱皮ホルモンによる調節機構がよく研究されているが、それ以外の動物では(もちろんクマムシも含めて)ほとんど、あるいはまったく研究がされていない。この現象を系統推定に使用できるほどには、この現象の相同性について考察するための材料があまりにも少ないのが現状なのだ。逆にいえば、それだけ研究すべきテーマがまだたくさん残されているということである。

このようにDNAの塩基配列にもとづく系統推定では、伝統的な形態記載にもとづく系統樹と異なった結果の出ることがしばしばある。それが意外な発見につながる場合もあるため、ひょっとしたら、分子にもとづく研究と形態学にもとづく研究が対立関係にあるような図を想像される方もいるかもしれない。実際、感情的にはそのようなこともありそうな気がするが、しかし、現実の研究現場を想像してみてほしい。分子系統解析のためには標本からDNAを取り出して配列を読む。そのための試料は、野外から採集して、どのような種と認識されているものかを確認したうえで、遺伝子配列を読むわけだ。さて、その最初の段階で、形態学的にはたとえばドクマムシ(仮称)と言われるものを調べたい場合、ドクマムシを形態学的に同定する必要がある。ところがこれがものすごく難しく、経験とセンスが必要となるのである。

結局は、このような仕事をするためには、たとえ目的が形態学的な分類を打破するための研究であったとしても、形態学的な知識と経験を抜きにしては進まない。

屋根のコケ

壮大な(というかお金のかかる)ゲノムプロジェクトの話題の後だが、個人的に楽しいと思うささやかな話題をここに書いておきたい。

コルティもスパランツァーニも屋根の樋に溜《た》まった砂からクマムシを見つけた。これはもともと屋根のコケに住んでいたクマムシが、雨が降ったときに足をすべらせてコケから落ちた奴が溜まって乾いていたと思われる。ドワイエールもオニクマムシの原記載論文で、屋根のコケが産地と書いている。歩いていて足をすべらせたクマムシが「あれぇ〜」と言いなが

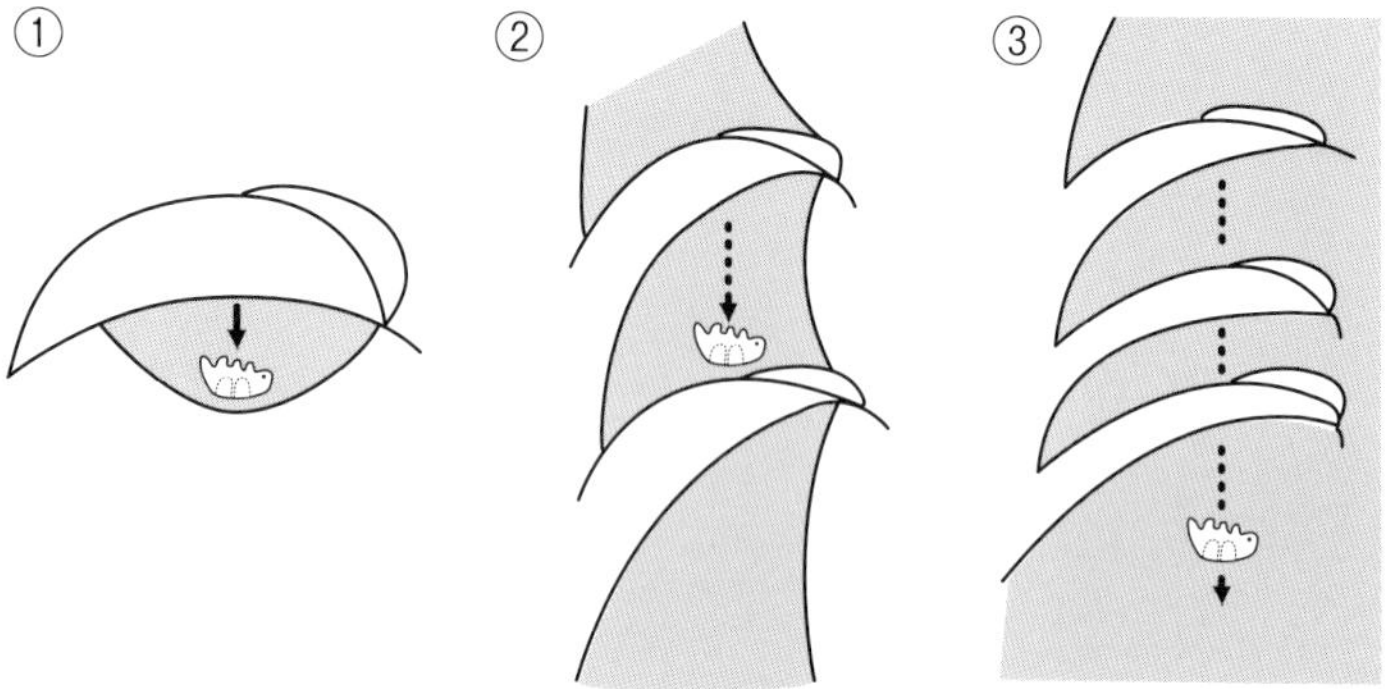

図 40　コケに付いた水滴が大きくなると，足をすべらせたクマムシは戻れなくなり(①)，さらに水分が増えると次の葉の表面へ落下し(②)，クマムシはどんどん落ちて行く(③)．
(Greven, H. and Schüttler, L., How to crawl and dehydrate on moss, Zool. Anz. 240: 341-344, 2001 より改変)

ら(?)落ちて行く図を想像するとおかしい。グレーフェンらは実際に二種類のコケの葉の上を歩くクマムシをビデオ撮影して、葉の構造とクマムシの歩き方などについて考察している(図40)。

次は屋上の話。最近のヒートアイランドの都会では屋上に緑を生やすことも進められているらしいが、今はそうではない殺風景な屋上を想像してほしい。そこにはなにもいないように見えて、でもよく見るとあちこちにコケが生えている。コケの中には、クマムシがいる。彼女らはいったいどこから来たのか？

そもそもなぜコケが生えているのか？　おそらく胞子が風で飛ばされて着地したのが屋上だったのだろう。ではクマムシは、と考えると、胞子と同様に「樽」が飛んで来たとしか考えられない。まさか雨の日に地上にいた奴がはるかな高みを目指して、緩やかな歩みで登って来たとは考えられぬ。しかし、空中を飛ぶ「樽」が実際にどれほどあるのかを明らかに示すデータはまだないようだ。もしかしたら花粉が飛びかうように、「樽」も飛びかっているのかもしれない。

そして宇宙のクマムシ?!

空を飛ぶ「樽」が宇宙を飛んだらどうなるだろう。

樽の耐久性から考えれば、宇宙を旅して行き着いた先にもし水が存在すれば、元気に蘇生するかもしれない。そしてそこに餌となるものがあれば……。コケの胞子やバクテリアも一緒に飛んでいるとすれば、そのご一行様の宇宙旅行もちょっと期待できそうな話である。樽の寿命は地球上では一〇〇年と持たないが、宇宙空間の温度はマイナス二七〇度ぐらいの超低温で、酸素もない。ひょっとしたら樽の保存にはもってこいの条件なのかもしれない。ただし、宇宙線を浴びた後のクマムシが蘇生したとしても、彼女らに繁殖能力があるかどうかは、まだはっきりしていない。

クマムシは宇宙からやって来た、という噂もあるが、その噂がどこから来たのかはわからない。ひょっとしたら、フランシス・クリックも支持した「生命は宇宙からやってきた」という説とクマムシ伝説が合体したのかもしれない。現在地球にいるクマムシが宇宙から来たかどうかはともかくとして、過去に巨大隕石が衝突したときに、宇宙空間に投げ出された「樽」があったのではないか、と考えることは全くの絵空事ではないかもしれない。

今後、宇宙を旅するクマムシが現れる可能性はある。クリプトビオシス研究の一環として、「樽」をロケットに乗せて宇宙空間に出したらどうなるかを研究する計画が進行しているのである。

追記(二〇一九年)

オニクマムシの学名　日本には、*Milnesium tardigradum* を含めて三種以上いるらしい。私の培養系統は二〇一九年に *Milnesium inceptum* として新種記載された。

樽の耐圧性　小野ら(二〇〇八年)によれば約七万五〇〇〇気圧。

トレハロースについて　オニクマムシやヒルガタワムシではトレハロースは蓄積されない。

何年まで大丈夫か　辻本ら(二〇一六年)は三〇年以上凍っていたクマムシを蘇生させた。

宇宙のクマムシ　二〇〇七年九月、クマムシが地球軌道上に打ち上げられ、ナマの太陽光線を浴びたにもかかわらず全滅せず、ごくわずかの個体は生還した。

あとがき

西暦二〇〇〇年の一月四日。大学の石造りの建物は冬休みの間に冷えきっていた。誰も来ない静まりかえった研究室でひとり、考えごとをしていた。

もっと変わった生き物が見たい！

その頃やっていた昆虫の精子形成の研究がつまらなかったというわけではない。しかし、冷え冷えとした部屋でその時、脳裏にひらめき出たのはクマムシだったのである。

はじめてクマムシという生物の存在を知ったのは、大学に入ったばかりの頃に買った海岸動物図鑑に載っていたイソトゲクマムシの図版(図41)による。この図はなにやらえらく不思議な雰囲気を持っていて、ほんとにこんな生き物がいるのか？と思ったものだ。実物を見る機会はまったく訪れず、ほとんどクマムシについて考えることもなく年月が過ぎてしまった。しかし、いつか見ることができたらよいなという程度に、わたしの頭の片隅には、つねにクマムシが「いた」気がする。

はじめて実物を見たのは、それから十数年も過ぎてからである。慶應義塾大学の日吉キャ

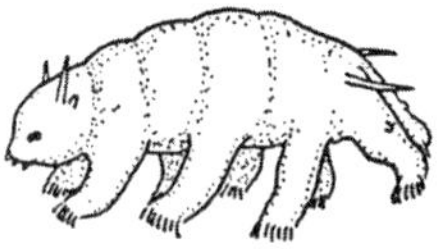

図 41　わたしがはじめて見たイソトゲクマムシの図（西村三郎，鈴木克美『海岸動物（標準原色図鑑全集 16）』保育社，1971 より）

ンパスで当時同僚だったウミグモの専門家、宮崎勝己さん（現在は京都大学瀬戸臨海実験所）が、コケの中から出て来たクマムシたちを見せてくれたときだ。これがクマムシか。なんてかわいいんだ。なんて変なんだ！（ウミグモも相当に変なのだが。）

その時そう思いはしたものの、自分の研究テーマを変えるまでには至らなかった。しかしさらに年月が過ぎた世紀末の正月には、なにかはっきりと呼ばれているような気がしたのだった。そして、わたしはコケを探しに屋上へ出た。

大学の屋上にはあちこちにコケが生えている。これを水に浸せば、クマムシが出て来るかもしれないのだ。ワクワクしながら顕微鏡をのぞいた。残念ながら、この日はクマムシには会えなかった。しかし、たくさんのワムシや線虫や繊毛虫が出て来て驚いた。あんな干からびた冬の屋上のコケの中に、こんなに生き物が棲んでいる！　知識として知ってはいても、実際に見ると、いまさらながら強烈な印象に襲われた。こりゃすごい。おもしろい。

研究室の近辺に生えていたコケの中に棲むクマムシに出会えたのは、その三日後だった。そして、わたしはクマムシに没頭することになった。おまけにクマムシをきっかけとして、地球のそこらじゅうに生き物が棲んでいるということを実感できるようになった。

新たな仕事を始めるときに研究者としてすべきことのひとつに、文献探しがある。ところが、なにしろ日本語で読めるクマムシの一般書はまったくない。最初は、やや古めかしい『動物系統分類学』がほとんど唯一の頼りだった。日吉の図書館では他の本にもクマムシの記述を見つけたが、その中の「ヒトとの関係」という項目には、ただ一言「ない」と書かれていた。これは英語の本の翻訳だったが、元の本の記述を直訳すれば、経済的価値が「ない」ということであった。そのような扱いのせいか、英語圏でも一般書として読めるクマムシの図書はほとんどない状態だったようだが、幸いなことに、一九九四年に出版された単行本が一冊だけ存在することを知った（Kinchin, I. M., The Biology of Tardigrades, Portland Press, 1994）。さっそくそれを入手して、年度末で忙しい日本の大学教員としての日常の中で、久しぶりに嬉しい勉強の毎日が始まったのだった。

その後の日々は、おもしろいことの連続だった。研究者にとって、おもしろいことがなによりの原動力である。コケのすき間の世界をのぞいてみると、自分にとって新しいことを毎日のように発見できた。そして、文献探しをするうちに、どんどん古い世界にもぐっていく感じがした。つまり新しい文献が乏しく、受け売りでない情報を求めていくと、どんどん昔の文献までたどらなければならなかったわけである。

六年前の寒い冬の朝、クマムシのことを思ったときには、こうしてクマムシの解説をするとは想像もできなかったが、わたしは今、この原稿をコペンハーゲンの博物館で書いている。クマムシがわたしをこの街に連れて来たのだ。わたしは今ここで、海のクマムシの卵形成過程について研究している。

クマムシについては、クリプトビオシスの驚異的な能力にばかり焦点が当てられることが多いが、じっさいにクマムシたちがどのように生活をしているのかについて、わたしたちはあまりにも無知である。クマムシについて書くようにという企画が始まったとき、最初に思ったことは、クマムシの生きざまについて書きたいということだった。それはほんの少しだけできたかもしれないが、ほとんど自己満足の域を出ないままだと感じている。いや、まだわからないことだらけなので、自己満足もむずかしい。なにしろ「白クマ」の正式な名前すら知らないままなのである。

この本では、あえて詳しく書かなかったこともたくさんある。特に、クリプトビオシスの分子機構や遺伝情報に関連するような研究については、今後急速な進展が期待され、あと数年先にはまったく情勢が変わっている可能性が高い。それらについては、また別の機会、別の著者に譲るとして、わたしはこの本ではおもに、これ以上古くなりようのない話をまとめてみた。そうすることで、伝説と事実の境界もかなり明確に示すことができたのではないかと思う。またできる限り、古い文献の挿絵を紹介した。たとえばミュラーやデュジャルダンのクマムシの図は、原著以外で紹介されるのは今回のこの小さな本がはじめてだと思う。

本書を書くにあたっては、さまざまな方のご協力をいただいた。特に写真や図の使用を快諾くださったダイアン・R・ネルソン、ラインハルト・M・クリステンセン両教授、マルクスに関する資料を見せてくださったクラウス・ニールセン教授、珍しい古い文献を手際良く探し出してくださった博物館図書館のハンヌ・エスパーセン司書に感謝する。博物館の同じ部屋でクマムシを観察する大学院生諸君からもたくさん元気をもらった。またクマムシの歩みのようにのんびりと原稿を書くことができたのも学務を離れた遊学中だったればこそで、それを可能にしてくださった慶應義塾大学とその生物学教室メンバーに深く感謝する。そしてまた、この本が生まれたのは岩波書店の塩田春香さん(およびクマムシ応援団諸氏)の熱意のたまものである。

ところで、現在地球上では想像を絶する規模で生物の絶滅が進行していると言われることがある。これは大型の脊椎動物や緑色植物など、人類にとってもっとも身近な生物に関してみれば当たっている。しかしクマムシのように、毎年どんどん種の数が増え続けているグループも少なくない。つまりこれまで人間に認識されてこなかっただけで、気を付けてみればまだまだたくさんの知られざる地球の住人が、そこらじゅうにいるのである。ヒトにとっての地球環境は悪化しつつあるし、それは多くの脊椎動物にとっても同じだろう。しかし、大量にいる種々のバクテリアや、クマムシなどのような小さな生き物たちにとって、現在の地球環境が悪化しているのかどうか、本当のところはわからない。

かつて、ヒトとの関係が「ない」と書かれてしまったこともあるクマムシであるが、彼女らから見ても同じことが言える。ヒトの経済活動によって地球環境がいくら破壊されようとも、クマムシの生活にはたいした影響はないのかもしれない。いずれ人類が滅亡した後も、クマムシたちはあいかわらず、緩やかな歩みを続けているに違いない。

鈴木　忠

二〇〇六年五月

付録

コケにすむ動物を見てみよう！

もっとも手軽な方法は、**そこらへんに生えているコケを見る**ことである。「え？ こんなショボイやつに？」と思われるような干からびたコケでも、水に浸《ひた》しておけば、いろいろな生物が出てくるはずだ。その生物たちは、クマムシと同様に過酷《かこく》な環境《かんきょう》にすむ仲間たちなのである。試しているうちに**必ずクマムシにも出会える**はずだ。

必要な道具

クマムシは小さいので、さがすには実体顕微鏡が必要だ。学校に通っている諸君《しょくん》ならば、理科の先生に聞いてみよう。顕微鏡や実験器具の情報は、インターネットでも手に入る。

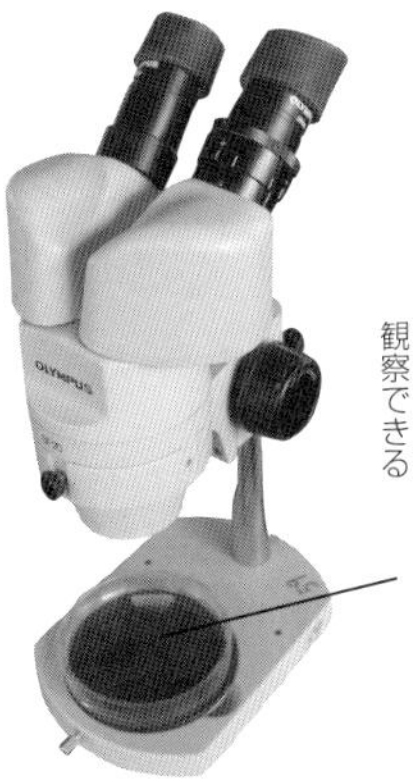

実体顕微鏡《じったいけんびきょう》

光学顕微鏡よりも倍率は低めだが、厚《あつ》みのあるものも観察できる。クマムシなどのとても小さな生物をさがすのに便利。2～3万円くらいで手に入るものもある。

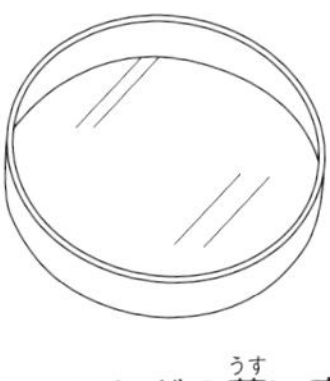

シャーレなどの薄《うす》い容器

コケを水に浸し、実体顕微鏡で観察するのに使う。

あると便利な道具

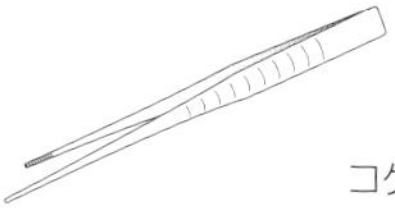

ピンセット

コケをあつかう。わりばしでもよい。

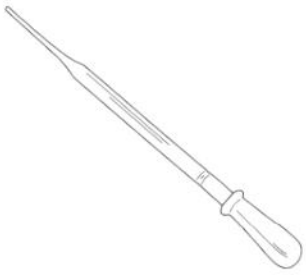

ピペット(スポイト)

見たい生物を取り出す。

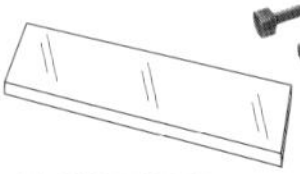

光学顕微鏡とスライドガラス

実体顕微鏡よりも高い倍率で観察できる。実体顕微鏡で見たい生物を見つけてから、よりくわしく観察するのに便利。

出会えるかもしれない生き物たち

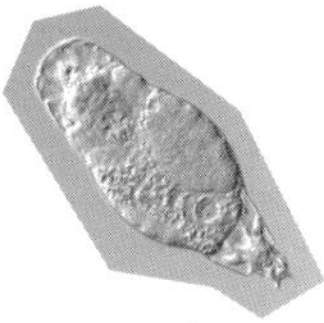

ワムシの仲間

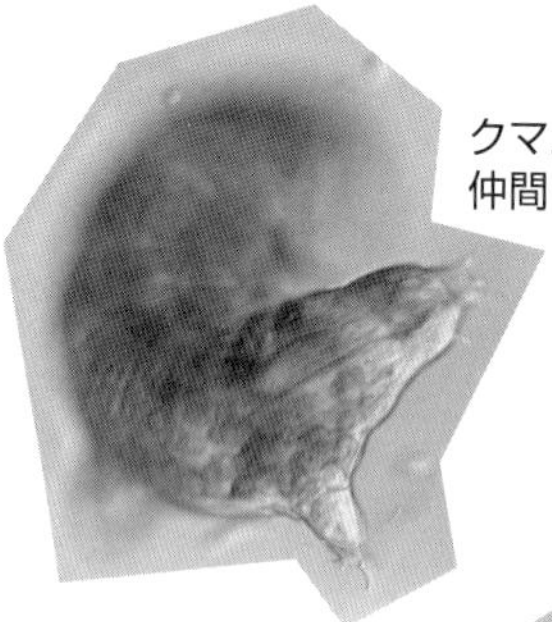

クマムシの仲間♥

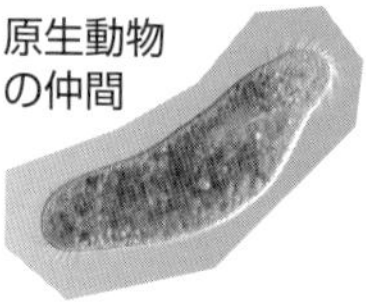

原生動物の仲間

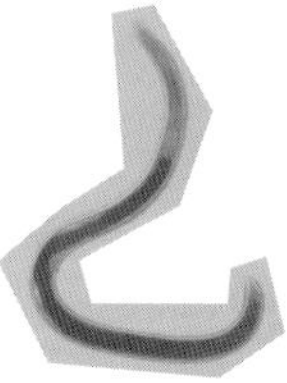

センチュウの仲間

ほかにも、土の中の生き物がいろいろ出てくるかもしれない。

観察の手順

ごくかんたんな方法を紹介《しょうかい》しておくので、自分で工夫してみよう。

① コケを採取《さいしゅ》

道ばたなどでコケを採取する。かわいたギンゴケは、クマムシに出会える可能性が高い、かもしれない。

② 水に浸す

採取したコケをシャーレなどの容器に入れる。水を加えて 30 分以上(あるいは 1 晩《ばん》)置いておく。

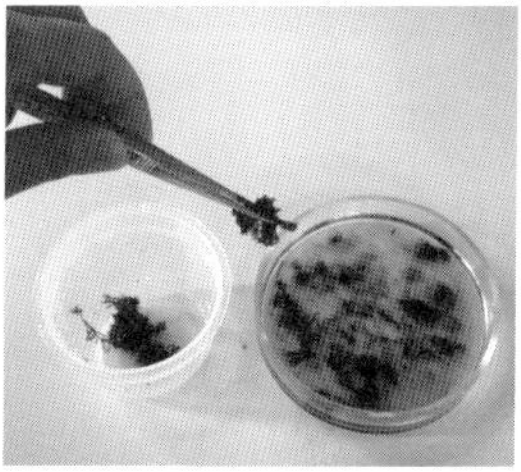

③ コケを取りのぞく

コケをバラバラにすると、多くの生物はふり落とされる。観察のじゃまになるので、コケのかたまりは取りのぞく。

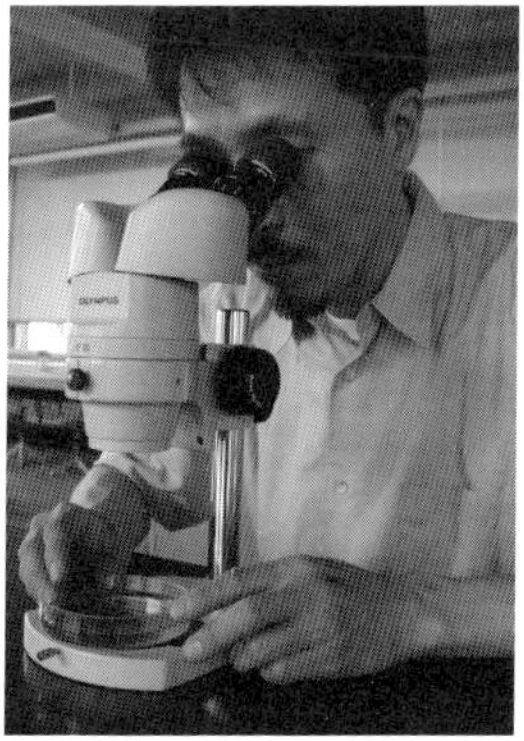

④ クマムシをさがす

実体顕微鏡(20 ～ 40 倍程度《ていど》)で、たんねんにさがす。

もっと観察したい人は……

★ クマムシを取り出す

クマムシなど、見たい生物をピペットでほかの容器に移《うつ》して、じっくりと観察してみよう。光学顕微鏡があれば、スライドガラスに移して高倍率で観察できる。

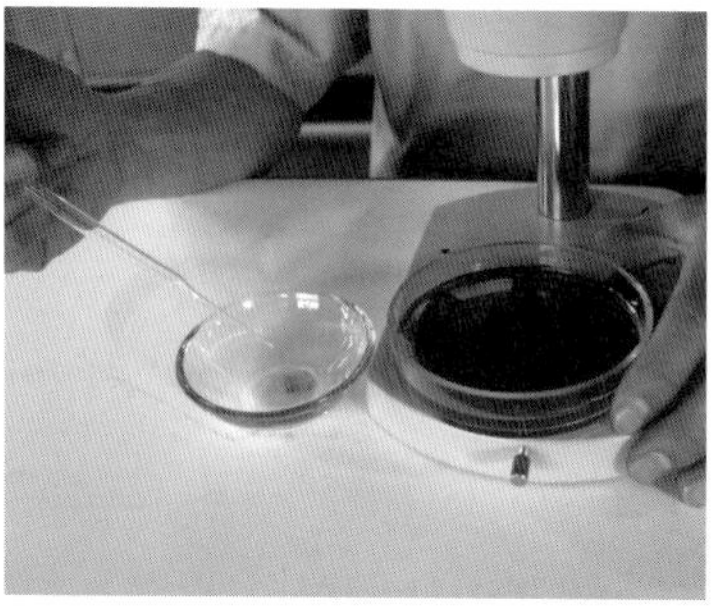

★ 樽《たる》になる様子を観察する

八一ページにも書いたが、スライドガラスに寒天《かんてん》をたらし、その上にクマムシをおいてみよう。樽になる様子を、光学顕微鏡でじっくりと観察できる。

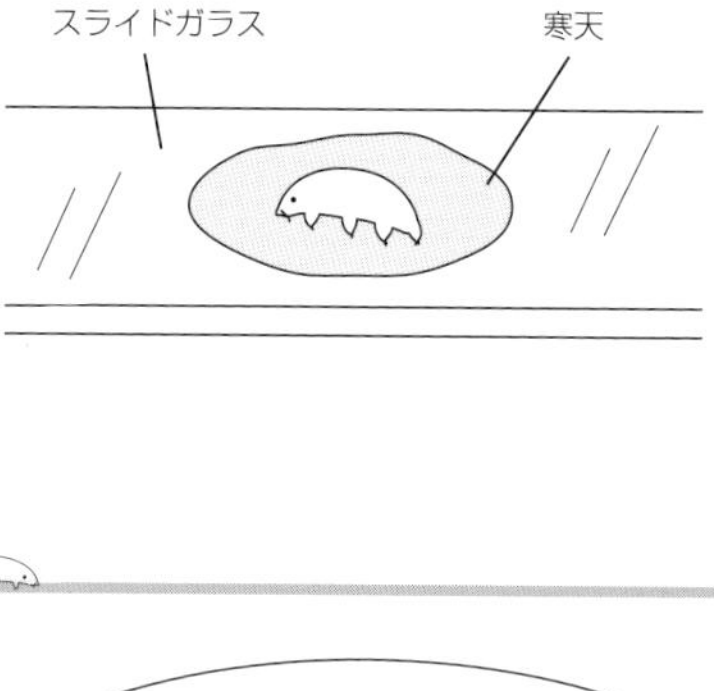

どこのコケからどんな生物が見られたか、記録しておこう！
近所にすむ小さな生物たちの、住民台帳をつくってみるのも楽しいだろう。

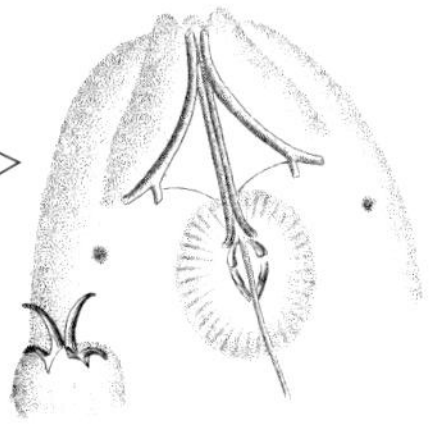

鈴木 忠

1960年愛知県生まれ．慶應義塾大学医学部准教授．子どもの頃，海へ連れて行ってもらうのが楽しみだった．いまだに潮だまりで遊ぶ夢を見る．少年時代は昆虫採集とプラモデルづくりに熱中．

名古屋大学では昆虫変態に関する生理・生化学を学びつつ，古き時代の発生学に憧れる．また当時存在した画廊兼酒場「がらん屋」で様々な人間模様を学ぶ．1988年同大学院を単位取得退学後，浜松医科大学で糖脂質に関する研究に従事．1991年より慶應義塾大学医学部生物学教室で昆虫の精子形成を研究し，1998年に金沢大学大学院自然科学研究科より学位取得．2000年，クマムシの世界にはまる．2005年より1年間，コペンハーゲン大学動物学博物館で海産クマムシの卵形成を研究．

趣味はバロックファゴットの演奏．

岩波 科学ライブラリー 122
クマムシ?!—小さな怪物

2006年8月4日 第1刷発行
2019年6月14日 第16刷発行

著 者 鈴木《すずき》 忠《あつし》

発行者 岡本 厚

発行所 株式会社 岩波書店
〒101-8002 東京都千代田区一ツ橋 2-5-5
電話案内 03-5210-4000
https://www.iwanami.co.jp/

印刷 製本・法令印刷 カバー・半七印刷

ISBN 4-00-007462-8 Printed in Japan

●岩波科学ライブラリー〈既刊書〉

270
岩波書店編集部編
広辞苑を3倍楽しむ　その2
カラー版　本体一五〇〇円

各界で活躍する著者たちが広辞苑から選んだ言葉を話のタネに、科学にまつわるエッセイと美しい写真で描きだすサイエンス・ワールド。第七版で新しく加わった旬な言葉についての書下ろしも加えて、厳選の50連発。

271
廣瀬雅代、稲垣佑典、深谷肇一
サンプリングって何だろう
統計を使って全体を知る方法
本体一二〇〇円

ビッグデータといえども、扱うデータはあくまでも全体の一部だ。その一部のデータからなぜ全体がわかるのか。データの偏りは避けられるのか。統計学のキホンの「キ」であるサンプリングについて徹底的にわかりやすく解説する。

272
虫明　元
学ぶ脳
ぼんやりにこそ意味がある
本体一二〇〇円

ぼんやりしている時に脳はなぜ活発に活動するのか？　脳ではいくつものネットワークが状況に応じて切り替わりながら活動している。ぼんやりしている時、ネットワークが再構成され、ひらめきが生まれる。脳の流儀で学べ！

273
イアン・スチュアート　訳　川辺治之
無限
本体一五〇〇円

取り扱いを誤ると、とんでもないパラドックスに陥ってしまう無限を、数学者はどう扱うのか。正しそうでもあり間違ってもいそうな9つの例を考えながら、算数レベルから解析学・幾何学・集合論まで、無限の本質に迫る。

274
松沢哲郎
分かちあう心の進化
本体一八〇〇円

今あるような人の心が生まれた道すじを知るために、チンパンジー、ボノボに始まり、ゴリラ、オランウータン、霊長類、哺乳類……と比較の輪を広げていこう。そこから見えてきた言語や芸術の本質、暴力の起源、そして愛とは。

275
時をあやつる遺伝子
松本 顕
本体一三〇〇円
生命にそなわる体内時計のしくみの解明。ショウジョウバエを用いたこの研究は、分子行動遺伝学の劇的な成果の一つだ。次々と新たな技を繰り出し一番乗りを争う研究者たち。ノーベル賞に至る研究レースを参戦者の一人がたどる。

276
「おしどり夫婦」ではない鳥たち
濱尾章二
本体一二〇〇円
厳しい自然の中では、より多く子を残す性質が進化する。一見、不思議に見える不倫や浮気、子殺し、雌雄の産み分けも、日々奮闘する鳥たちの真の姿なのだ。利己的な興味深い生態をわかりやすく解き明かす。

277
ガロアの論文を読んでみた
金 重明
本体一五〇〇円
決闘の前夜、ガロアが手にしていた第1論文。方程式の背後に群の構造を見出したこの論文は、まさに時代を超越するものだった。簡潔で省略の多いその記述の行間を補いつつ、高校数学をベースにじっくりと読み解く。

278
嗅覚はどう進化してきたか
生き物たちの匂い世界
新村芳人
本体一四〇〇円
人間は四〇〇種類の嗅覚受容体で何万種類もの匂いをかぎ分けるが、そのしくみはどうなっているのか。環境に応じて、ある感覚を豊かにし、ある感覚を失うことで、種ごとに独自の感覚世界をもつにいたる進化の道すじ。

279
科学者の社会的責任
藤垣裕子
本体一三〇〇円
驚異的に発展し社会に浸透する科学の影響はいまや誰にも正確にはわからない。科学技術に関する意思決定と科学者の社会的責任の新しいあり方を、過去の事例をふまえるとともにＥＵの昨今の取り組みを参考にして考える。

定価は表示価格に消費税が加算されます。二〇一九年六月現在

●岩波科学ライブラリー〈既刊書〉

280 **組合せ数学**
ロビン・ウィルソン　訳 川辺治之
本体一六〇〇円
ふだん何気なく行っている「選ぶ、並べる、数える」といった行為の根底にある法則を突き詰めたのが組合せ数学。古代中国やインドに始まり、応用範囲が近年大きく広がったこの分野から、バラエティに富む話題を紹介。

281 **メタボも老化も腸内細菌に訊け！**
小澤祥司
本体一三〇〇円
癌の発症に腸内細菌はどこまで関与しているのか？　関わっているとしたら、どんなメカニズムで？　腸内細菌叢を若々しく保てば、癌の発症を防いだり、老化を遅らせたり、認知症の進行を食い止めたりできるのか？

282 **予測の科学はどう変わる？**
人工知能と地震・噴火・気象現象
井田喜明
本体一二〇〇円
自然災害の予測に人工知能の応用が模索されている。人工知能による予測は、膨大なデータの学習から得られる経験的な推測で、失敗しても理由は不明、対策はデータを増やすことだけ。どんな可能性と限界があるのか。

283 **素数物語**
アイディアの饗宴
中村 滋
本体一三〇〇円
すべての数は素数からできている。フェルマー、オイラー、ガウスなど数学史の巨人たちがその秘密の解明にどれだけ情熱を傾けたか。彼らの足跡をたどりながら、素数の発見から「素数定理」の発見までの驚きの発想を語り尽くす。

284 **論理学超入門**
グレアム・プリースト　訳 菅沼 聡、廣瀬 覚
本体一六〇〇円
とっつきにくい印象のある〈論理学〉の基本を概観しながら、背景にある哲学的な問題をわかりやすく説明する。問題や解答もあり。好評「《1冊でわかる》論理学」にチューリング、ゲーデルに関する二章を加えた改訂第二版。

定価は表示価格に消費税が加算されます。二〇一九年六月現在